班组安全 100 丛书

# 建筑企业班组安全生产事故分析精编

“班组安全 100 丛书”编委会　组织编写

中国劳动社会保障出版社

**图书在版编目(CIP)数据**

建筑企业班组安全生产事故分析精编/“班组安全100丛书”编委会组织编写. -- 北京：中国劳动社会保障出版社，2019
(班组安全100丛书)
ISBN 978-7-5167-4086-6

Ⅰ.①建… Ⅱ.①班… Ⅲ.①建筑企业-生产小组-安全事故-事故分析 Ⅳ.①F407.962

中国版本图书馆CIP数据核字(2019)第189097号

**中国劳动社会保障出版社出版发行**
(北京市惠新东街1号 邮政编码：100029)
*
北京市艺辉印刷有限公司印刷装订 新华书店经销
880毫米×1230毫米 32开本 9印张 203千字
2019年10月第1版 2019年10月第1次印刷
**定价：28.00元**

读者服务部电话：(010) 64929211/84209101/64921644
营销中心电话：(010) 64962347
出版社网址：http://www.class.com.cn

# “班组安全 100 丛书”编委会

# 本书简介

建筑业是国民经济的支柱产业之一，在全国各地每年都有大量建筑工程开工与竣工。建筑业的生产活动与其他行业生产活动相比，具有生产过程复杂、作业条件恶劣、劳动强度大等特点。因此，建筑行业事故发生率较高，属于危险性较大的行业。在近年来的建筑施工中，事故类别主要集中在高处坠落、物体打击、坍塌伤害、机械伤害、起重伤害、触电伤害等几个方面。从事故发生的原因来看，建筑行业事故主要是由高处作业防护不严、脚手架搭设不规范、基坑及模板工程支护不牢、机械设备使用不当、施工临时用电不规范等因素造成的。在事故的背后，究其根源，还与施工企业安全管理不善、安全教育培训不力、作业人员安全意识淡薄、不文明施工等因素有直接的关系。要想做好施工中的安全管理工作，首先需要做好人员的安全教育培训工作，通过教育培训促进管理、促进安全。

本书是专门为建筑施工企业班组员工和各类作业人员编写的，针对施工中常见多发事故，分高处坠落、物体打击、坍塌伤害、机械伤害、起重伤害、触电伤害、其他伤害 7 个方面，详细介绍了每起事故的经过、事故原因、事故教训和整改措施，并且对与事故相关的知识与管理借鉴进行了透彻的分析。本书非常适用于对班组员工、各类作业人员的安全教育和安全培训，是建筑施工企业对作业人员进行安全教育、安全培训非常实用的读本。

# 前言

随着科学技术的进步，工业化大生产应用于各行各业，机械、电子设备的广泛使用极大地提高了劳动生产率，也使工作环境日益得到改善。然而，工业化也带来了由于工作环境越来越复杂所产生的安全问题，要么不发生事故，要么发生更加严重的事故。因此，生产方式的进步对作业人员安全意识的提高和安全习惯的养成有更高的要求。

俗话说“安全不安全，自己管一半”。有些伤害是操作者本人引发的事故造成的，有些伤害是他人引发的事故造成的。因此，管住自己违章的“手”，就能有效地减少事故的发生，在减少由此给自己带来的伤害的同时，也减少对别人的伤害。如果每个人都能做到这一点，事故的发生率就会大大降低。另外，如果掌握了充分的安全知识和避害技能，即使遇到了事故，人们也能有效地采取合理的措施，减少甚至避免伤害的发生。从这个角度讲，“安全不安全，自己管一半”可以改为“安全不安全，自己说了算”。

大量事实表明，许多刚参加工作的人员非常重视工作技能的学习，但却忽视安全知识的掌握，非得经历一次事故才能真正明白安全生产的重要性。但是，一次安全生产事故有可能导致非常严重的后果，甚至使人遗憾终生。因此，企业一定要贯彻“安全第一、预防为主、综合治理”的方针，督促员工学习安全生产知识和技能，养成遵章守纪、不自作主张的良好习惯，确保安全生产，从而保障企业、员工的切身利益。

“班组安全 100 丛书”以案例的形式，从事故预防的角度教育企业负责人和作业人员从以往发生的事故案例中吸取教训，从而提高安全生产意识，以免重蹈事故伤害的覆辙。

“班组安全 100 丛书”共有十三个分册，分别是：

《班组安全管理经验和方法精编》《违章违纪与操作失误事故分析精编》《危险作业现场隐患事故分析精编》《设备设施潜在隐患事故分析精编》《生产班组亲历事故教训精编》《机械制造企业班组安全生产事故分析精编》《冶金企业班组安全生产事故分析精编》《矿山企业班组安全生产事故分析精编》《道路交通运输企业班组安全生产事故分析精编》《化工企业班组安全生产事故分析精编》《建筑企业班组安全生产事故分析精编》《企业负责人安全生产责任分析与事故预防精编》《企业管理人员安全生产责任分析与事故预防精编》。

丛书案例均选自真实发生的生产事故，有的还来自当事人的自述，按照企业培训和员工自学的使用要求进行分类，经过精心编排，具有很重要的参考意义，适合企业对员工的安全生产培训，有助于员工安全生产意识的提高。

编者

2019 年 6 月

# 目录

CONTENTS

## 一、高处坠落伤害事故 /1

## 一、高处坠落伤害事故

建筑施工因露天和高处作业多，生产流动性大，机械化程度低，工序复杂，并容易受天气等自然环境变化的影响，成为安全事故的多发行业。在建筑施工中，高处坠落事故属于常见、多发事故，占各类事故总数的60%以上，危险性极大。

建筑施工高处坠落事故的类别主要有洞口临边作业坠落、脚手架上坠落、卸料平台上坠落、悬空高处作业坠落、轻质板材断裂导致的坠落、拆除工程中发生的坠落、登高过程中的坠落、梯子上作业坠落、屋面檐口边作业坠落，以及其他高处坠落等。

预防高处坠落事故，需要加强安全防护。首先，企业要确保劳动防护用品和安全防护设施合格，建立劳动防护用品和安全防护设施的管理制度，确保安全网、安全帽、安全带、漏电保护器、脚手架扣件等符合国家标准要求，并告知员工正确的使用方法，监督检查员工正确佩戴和使用。同时，企业要严格控制施工机具的采购、租赁及使用，防止不合格品被投入使用。其次，高处作业前，应组织对劳动防护用品和安全防护设施进行逐项检查和验收，检查和验收不合格的不予使用。最后，要做好临边洞口的防护和日常监护、维护工作，做到安全防护设施的定型化、工具化，并设置安全警示标识。

在具体措施上，应注意以下几点：

1）高处作业前，安全员或班组长应对作业人员进行安全技术教育及交底，并应配备相应的劳动防护用品。安全员或班组长应检查高处作业的安全标识、安全防护设施、防火设施、电气设施和工具、设备，确认其完好，方可进行施工。

2）高处作业人员应按规定正确佩戴和使用高处作业劳动防护用品、安全防护设施，并经专人检查。

3）作业人员对施工作业现场所有可能坠落的物料，应及时拆除或采取固定措施。高处作业所用的物料应堆放平稳，不得妨碍通行和装卸。工具应随手放入工具袋；作业中的走道、通道板和登高用具，应随时清理干净；拆卸下的物料及余料和废料应及时清理运走，不得任意放置或向下丢弃。传递物料时不得抛掷。

4）在雨、霜、雾、雪等天气进行高处作业时，应采取防滑、防冻措施，并应及时清除作业面上的水、冰、雪、霜。

5）当遇有6级以上强风，或浓雾、沙尘暴等恶劣天气时，不得进行露天攀登与悬空高处作业。暴风雪、台风、暴雨后，应对高处作业安全防护设施进行检查，当发现有松动、变形、损坏或脱落等现象时，应立即修理完善，维修合格后再使用。

6）需要临时拆除或变动安全防护设施时，应采取能代替原防护设施的可靠措施，作业后应立即恢复。

7）高处作业前，要做好临边洞口的防护和日常监护、维护工作，做到安全防护设施的定型化、工具化，并设置安全警示标识。

## 1. 清理高层建筑电梯井建筑垃圾人员高处坠落事故

2018年7月8日10时10分许，在由兰州某建设股份有限公司

(以下简称兰州某建设公司)组织施工的湖南省长沙市雨花区某建设工地，施工人员在清理 DT—1 号电梯井内水平防护上的建筑垃圾时发生一起高处坠落事故，造成 1 人死亡，直接经济损失 109.5 万元。

(1) 项目基本情况

建设工地位于长沙市雨花区曲塘路与黎托路交会处西北角，用地面积 97 148 平方米，总建筑面积 57 万平方米，正在建设的二期 6 号、7 号、9 号栋住宅总建筑面积约 10.7 万平方米。

出事电梯井属于 7 栋 2 单元 20 层 DT—1 号电梯井，其净空尺寸为 2.1 米×2.7 米。电梯井道水平防护上的建筑垃圾是在前几次混凝土浇筑时，泵管压力控制不当，部分混凝土漏浆到电梯井道水平防护上堆积形成的。凝固后的混凝土块呈近似圆形平面，直径约 1 米，厚度为 3~30 厘米，粗算质量约 400 千克。

(2) 事故经过和救援情况

2018 年 7 月 7 日下午，项目部许某外要求泥工班班长刘某，在 7 月 8 日安排工人到 9A 商业地下室砌筑底板承台砖胎膜施工。7 月 8 日早上，刘某安排胡某育和向某怀等工人在 9A 商业地下室底板砌承台砖胎膜工作。在施工过程中，大约 8 时许，工人因室外下雨无法施工，刘某又安排胡某育和向某怀两人到 7 号楼 23 层开始从上往下清理 7 栋 2 单元电梯井内水平防护架上的混凝土块和其他建筑垃圾。

10 时左右，两人清理到 20 层 DT—1 号电梯井，先是胡某育站在水平防护架上用电锤凿击混凝土块，随后撤到电梯井外休息，换成向某怀进入电梯井水平防护上清理被凿松散的混凝土块。10 时 10 分左右，由于混凝土块在水平防护架上堆积太多，再加上人的体重以及前面电锤凿击的震动，搭设的水平支撑钢管使用时间又较长，雨水和养护混凝土的水经常落到钢管上，造成钢管锈蚀变形，致使其在瞬间产生了弯曲，脱离剪力墙导致防护架整体倾塌。在倾塌过程中，向某怀和混凝土块下坠的冲击力将下面各层的水平防护全部击穿，一直坠落到负二层。

事故发生后，胡某育立即向项目部报告，项目部当即组织人员进行现场搜救。11 时 19 分，东山派出所接到报警后，立即会同东山街道及“120”“119”有关人员赶到现场迅速开展救援工作。由于垮塌物量多杂乱且电梯井道空间狭小，搜救人员经过长达 4 个多小时的全力搜救，才将向某怀从电梯井基坑内搜救出来。向某怀经医务人员现场确定已无生命体征，应急救援工作结束。

（3）事故原因分析

1）直接原因如下：

①兰州某建设公司在浇筑电梯井剪力墙混凝土时泵管压力控制不当，导致部分混凝土漏浆到电梯井道水平防护上并堆积严重，再加上人的体重以及前面电锤凿击的振动，搭设的水平支撑钢管使用时间又较长，下雨和养护混凝土的水经常落到钢管上，造成钢管锈蚀变形，致使水平防护处于脆弱平衡状态，形成了重大生产安全事故隐患。

②向某怀和胡某育安全意识淡薄，不遵守安全操作规程，不系安全带就直接进入电梯井水平防护（非操作平台）上使用风镐破除混凝土等建筑垃圾，致使水平防护超载而失稳倾塌引发高处坠落事故。

2）间接原因如下：

①兰州某建设公司未切实落实企业安全生产主体责任，相关安全管理制度不落实，违反《中华人民共和国安全生产法》（以下简称《安全生产法》）和《建设工程安全生产管理条例》的相关规定，未健全和落实安全生产责任制和项目安全生产规章制度，对项目经理履职情况管理不严、督促不力。项目部对施工现场管理不严，未及时发现和制止工人在未采取安全防护措施的情况下在非操作平台上进行高

处作业的违章行为。

②施工现场安全生产、文明施工管理混乱，违反《建筑施工高处作业安全技术规范》（JGJ 80—2016）相关规定。

③生产经营单位的安全管理机构以及安全管理人员违反《安全生产法》相关规定，未及时检查本单位的安全生产工作，未消除生产安全事故隐患。

（4）事故教训和整改措施

1）建设、施工、监理三方参建单位要切实履行安全管理职责，严格按照有关法律、法规、规章要求落实安全生产主体责任，建立健全安全管理机构，明确安全管理人员职责，严格执行安全生产责任制、事故隐患排查治理等各项制度，坚决杜绝安全生产重要岗位人员缺岗、漏岗情况的发生。

2）工程项目部要全面排查生产安全事故隐患，每周定期组织召开安全生产会议，组织安全管理人员总结、通报本周各单位安全生产开展情况、事故隐患排查治理工作情况，研究解决安全管理、隐患排查过程中存在的问题，安排下周安全管理、隐患排查治理阶段性工作。企业应做好日常施工现场安全生产监管工作，随时对整个施工现场进行安全生产全面检查，发现问题或生产安全事故隐患要及时进行整改。

3）建筑施工企业要严格按照技术交底和方案施工，高度重视施工方案审批工作，对确定后的施工方案要依照执行，对一些改善工艺或提高安全系数的情况要重新修订施工方案并重新进行安全技术交底。施工前应逐级进行安全教育及安全作业技术交底，督促落实所有安全技术措施和劳动防护用品，做到纵向到底、横向到边。针对作业的具体特点和特殊要求，要有针对性地交底一些关键致险因素和环节。发现未按施工方案、技术作业要求操作的行为，要坚决制止与纠正，及时整改消除生产安全事故隐患，提升安全管理水平，做到举一反三，切实防范类似事故的再次发生。

（5）相关知识与管理借鉴

在这起事故中，两位施工人员的作业地点是电梯井，属于临边作业。在建筑施工中，“五临边”作业具有很大的危险性，因此需要特别注意安全。

“五临边”是指深度超过2米的槽、坑、沟的周边，在施工程无外脚手架的屋面（作业面）和框架结构楼层的周边，井字架、龙门架、外用电梯和脚手架与建筑物的通道、上下跑道和斜侧道的两侧边，尚未安装栏板、栏杆的阳台、料台、挑平台的周边，在施工程楼梯口的梯段边等。

“五临边”的安全防护要求如下：

1）必须设置防护栏杆，防护栏杆由上、下两道横杆及栏杆柱组成，上横杆离地高度1.2米，下横杆离地高度0.6米。坡度大于1∶2的斜屋面，防护栏杆应高于1.5米，并加挂安全立网。横杆长度大于2米时，必须加设栏杆柱；给排水沟槽、桥梁工程、泥浆池等临边危险部位应进行有效防护。

2）各种垂直运输卸料平台临边防护必须到位，侧边两道设1.2米高防护栏杆和安全网全封闭，进料口设置防护门，或采用1.2米高定型彩钢板全封闭，平台口还应设置含踢脚防护的安全门或活动防护栏杆。卸料平台底板要求采用厚4厘米以上的木板、钢板等硬质板材铺设，并设有防滑条，严禁只采用毛竹脚手片。

3）悬挑式钢平台的支撑点与上部拉结点必须位于建筑物上，不得设置在脚手架等施工设备上。斜拉杆或钢丝绳，构造上宜两边各设前后两道，两道中的每一道均应作单道受力计算使用。

在这起事故中，两位施工人员安全意识淡薄，不遵守安全操作规程，高处清理建筑垃圾没有系安全带，也没有采取安全技术措施，显然过于疏忽大意，而这种疏忽大意直接导致了事故的发生。

## 2. 建设工地人员搬运建筑材料时高处坠落事故

2017 年 11 月 25 日 14 时左右，在湖南省长沙市岳麓区岳麓街道阳光壹佰新城五期项目建设工地，从业人员在搬运建筑材料作业时发生一起高处坠落事故，造成 1 人死亡，直接经济损失 145.2 万元。

（1）项目基本情况

阳光壹佰新城五期项目位于长沙市岳麓区岳麓街道，项目建设单位为某置业发展有限责任公司，建设项目为 4—15 号栋、4—15 号连廊、4—16 号栋、4—19 号栋、4—19 号连廊及地下室。开工以来，施工单位对该项目组织了连续多次集中检查，查找并整改安全事故隐患 68 处；湘江新区建设工程质量安全监督站对该项目工地下达整改通知书 2 份，查找并整改安全事故隐患 10 处；该项目部平时组织了日巡查、周检查。

（2）事故经过和救援情况

2017 年 11 月 25 日 7 时，根据项目的施工进度和项目部的安排，工地木工班负责人肖某利安排下属木工清理阳光壹佰新城五期建筑材料。8 时，阳光壹佰五期项目监理方监理工程师陈某佑和承建方安全员王某青巡查至 19 号栋 1 楼预留洞口时，见该班组员工杨某独自 1 人在电缆井预留洞口边（层高 6.5 米）搬运和整理模板、木方等建筑材料，部分洞口围挡已经被拆开，两人上前提醒杨某停止违规作业，恢复洞口临边防护，提醒完后两人就离开了预留洞口。

10 时，施工人员到工地小卖部买东西的途中，看见杨某独自在电缆井附近整理材料，同时见到杨某的还有木工班廖某青（杨某班长及工友)。11 时 40 分，有人下班前给杨某打电话，无人接听。13 时 30 分，有人未见杨某，再次打电话仍然无人接听，于是就向廖某青反映未见到杨某的情况，开始在工地到处寻找。14 时 15 分左右，现场人员在地下室（电缆井下方）首先发现了杨某，此时杨某面部朝下，卧在地下室，身体周围到处是血，现场人员随即将杨某身体翻转，发现杨某已无生命体征。

（3）事故原因分析

1）直接原因。杨某安全意识淡薄，违规拆开预留洞口防护，利用预留洞口抛送建筑材料，违章冒险作业时不慎坠落至地下室地面，导致事故发生。

2）间接原因如下：

①施工单位安全管理不到位，安全管理人员发现员工违章作业问题时未落实整改，未安排人员将预留洞口按防护标准落实整改就离开现场，生产安全事故隐患未得到及时纠正。

②监理单位监理人员履行安全监理职责不到位，监理人员发现违章作业问题时，未严格要求施工单位落实安全事故隐患整改措施就离开了现场，生产安全事故隐患未得到及时纠正。

（4）事故教训和整改措施

经调查，这是一起典型的从业人员安全生产意识淡薄，违章冒险作业引发的生产安全责任事故。安全管理人员发现生产安全事故隐患，纠正不彻底，整改不及时。为认真吸取此类事故教训，相关单位应举一反三，加强建筑施工安全管理，并做好以下几点：

1）施工企业应从此次事故中深刻吸取教训，切实做好施工人员的安全生产教育和培训工作，提高人员安全自我保护意识。

2）施工企业要强化施工现场安全检查，加大对作业场所的安全生产检查力度，提高管理人员履职能力，切实开展施工现场的隐患排查工作，杜绝违章作业行为，及时发现和消除作业工艺各环节的事故缺陷和隐患，对多次教育仍然违章违规冒险作业和野蛮施工的从业人员要清理出施工工地，确保安全生产。

3）建设监理单位要强化安全生产监理责任意识，严格督促施工单位落实各项安全防护措施，及时制止违法违章作业行为；对不符合安全施工要求的问题，发出整改通知后拒不整改的，报请建设单位协助处理，必要时按照监理权限下达停工整改指令或向上级有关部门汇报提请处理，确保施工作业安全。

（5）相关知识与管理借鉴

在这起事故中，施工人员安全意识淡薄，违规拆开预留洞口防护，利用预留洞口抛送建筑材料，结果作业中失稳不慎坠落至地下室地面，丧失了生命。

楼梯口、电梯井口、预留洞口、通道口属于“四口”，在作业施工中需要特别注意安全。

“四口”的安全防护要求如下：

1）1.5 米×1.5 米以下的孔洞，用坚实盖板盖住，有防止挪动、位移的措施。1.5 米×1.5 米以上的孔洞，四周设两道防护栏杆，中间支搭水平安全网。结构施工中伸缩缝和后浇带处加固定盖板防护。

2）电梯井口必须设高度不低于 1.2 米的金属防护门。电梯井内首层和首层以上每隔四层设一道水平安全网，安全网应封闭严密。

3）管道井和烟道口必须采取有效防护措施，防止人员、物体坠落。墙面等处的竖向洞口必须设置固定式防护门并有警示标识。结构施工中电梯井和管道竖井不得作为垂直运输通道和垃圾通道。

4）楼梯踏步及休息平台处，必须设两道牢固的防护栏杆或立挂安全网。回转式楼梯间只设首层水平安全网。

5）阳台栏板应随层安装，不能随层安装的，必须在阳台临边处设一道防护栏杆，防护栏杆设上下两道水平杆，并立挂密目安全网。两道防护栏杆，用密目网密封。

6）建筑物楼层邻边四周，未砌筑、安装维护结构时，必须设一道防护栏杆，防护栏杆设上下两道水平杆，并立挂密目安全网。

7）建筑物出入口必须搭设宽于出入通道两侧的防护棚，高度超过 24 米的建筑，防护棚棚顶应满铺不小于 50 毫米厚的脚手板。通道两侧用密目安全网封闭。多层建筑防护棚长度不小于 3 米，高层建筑防护棚长度不小于 6 米，防护棚高度不低于 3 米。

## 3. 地下室采光井雨棚钢架施工作业高处坠落事故

2016 年 8 月 3 日 11 时 02 分左右，在湖南省长沙市岳麓区望岳街道某项目建设工地，作业人员进行地下室采光井雨棚钢架施工作业时，发生一起高处坠落事故，造成 1 人死亡，直接经济损失 86.3 万元。

（1）项目基本情况

建设项目由甲公司投资建设，建设内容为 4 栋住宅、商业建筑及地下室。2016 年 5 月 23 日，甲公司与乙公司签订园林景观工程施工承包合同，合同内容为园林绿化及其附属工程，其中分部分项工程包括 2 个采光井轻钢玻璃顶雨棚，工程量 122.46 平方米。

项目地下室共设置 2 个用于采光、通风的采光井，分别位于项目的东头和西头。1 号采光井井口长 8.2 米，宽 7.6 米，距地下室地面 5.8 米，位于项目西头 1 号办公楼与 4 号住宅之间的绿化带上。2 号采光井井口长 8.3 米，宽 8.2 米，距地下室地面 5.8 米，位于项目东头 2 号公寓办公楼与 3 号住宅之间的绿化带上，与 1 号采光井呈对称分布。按照相关设计要求和安全技术标准，采光井轻钢玻璃顶雨棚立柱采用钢方通与井口混凝土防护结构基础连接，主龙骨架采用镀锌方管平行互通交叉焊接，骨架预埋钢板采用钢板固定（预埋至结构梁、柱内），1.35 米标高次骨架用镀锌方管，玻璃用浮法钢化夹胶透明玻璃，结合部位采用结构胶密封，采光井四周外侧墙体外贴光面黄锈石，施工要求做好佩戴安全帽、设置安全网、系好安全带等高处作业防坠落安全防护措施。

2016 年 7 月 15 日，乙公司与马某春签订书面劳动合同，合同内容为从事项目采光井雨棚施工作业。马某春组织相关人员对 2 个采光井雨棚进行钢架拼装、焊接施工及防锈喷漆处理。至事故发生时，2 个采光井雨棚的龙骨焊接进入扫尾阶段，其他园林绿化及其附属工程还未进场施工。

（2）事故经过和救援情况

8 月 3 日上午，马某春和油漆工赵某耕在位于项目西头的 1 号采光井进行雨棚施工作业，项目经理马某和现场施工管理人员刘某飞在 4 号住宅东头距离 1 号采光井二三十米处进行放线作业。10 时 50 分左右，马某春叮嘱赵某耕注意安全并给他安全带之后，从采光井西北角爬上雨棚钢架查看钢构焊接情况。

11 时 02 分左右，正在采光井东北角坐着休息的赵某耕听到一声巨响，回头一看，马某春和他踩着的那块脚手板已经一起掉入地下室采光井。赵某耕立即跑至地下室查看情况并大声呼救，马某春倒在地上，头部、鼻子出血，已经没有知觉。11 时 05 分，赵某耕拨打了“120”急救电话。听到呼救，马某、刘某飞以及监理员袁某等其他作业人员均跑过来查看情况。约 20 分钟后“120”急救车赶到现场，马某春被送往长沙市脑科医院，经抢救无效死亡。

经查，事发当时马某春正在检查 1 号采光井雨棚的龙骨焊接情况，未戴安全帽，未系安全带，雨棚钢架上仅铺设两块脚手板（单板长约1.5米，宽约30厘米），未满铺脚手板，未搭设满堂脚手架，未设置兜底网。

（3）事故原因分析

1）直接原因。马某春在进行建设项目地下室1号采光井雨棚钢架施工作业时，安全意识淡薄，未采取佩戴安全帽、系安全带等安全防护措施，站在采光井雨棚钢架脚手板上查看钢构焊接情况时，因踩踏失稳坠落至地下室采光井井底地面，导致事故发生。

2）间接原因如下：

①乙公司履行安全管理职责不到位。未按照人员分工落实安全生产责任制，未按照分部分项要求全面编制施工组织设计，未在进场施工之前对班组及施工人员进行安全技术交底，未定期开展安全检查，未按要求做好安全防护措施，发现从业人员违章作业问题未及时予以纠正。

②监理人员履行安全监理职责不到位。未按照分部分项要求认真审查施工组织设计方案，未严格监督并督促乙公司进行分部分项施工安全技术交底，未严格要求乙公司落实安全防护整改措施，对于整改不到位的情况未及时下达暂停施工指令，致使施工作业安全防护措施不到位的行为未及时得以纠正。

③建设单位安全管理职责不到位。未按规定将单独发包的园林绿化及其附属工程到建设行政主管部门办理施工许可手续。

（4）事故教训和整改措施

1）施工单位要加强安全管理，严格落实安全生产责任制，按照人员分工到岗到位、各负其责；施工组织设计及安全生产专篇的制定必须结合工程特点和现场实际，按照分部分项要求全面编制，列出施工危险点，并制定具体防护措施和安全作业注意事项，体现全面性，不能顾此失彼；严格按规定进行分部分项安全技术交底，不能因为分项工程量小或工艺简单就流于形式，不仅要有口头讲解，书面记录也要全面而有针对性，项目经理部、施工班组、施工人员三方履行签字手续，各留一份；加大对作业场所的安全生产检查力度，及时发现和消除作业工艺各环节的管理缺陷和事故隐患，杜绝违法违章作业行为，对多次教育仍然违章违规冒险作业和野蛮施工的人员要清理出施工工地，确保安全生产。

2）监理单位要认真履行安全生产监理职责，严格审查施工组织设计安全技术及专项安全施工方案，并提出审查意见，使之符合安全施工及工程建设强制性标准要求；严格督促施工单位落实各项安全防护措施，及时制止违法违章作业行为；对不符合安全施工要求的问题，发出整改通知后拒不整改的，报请建设单位协助处理，必要时按照监理权限下达停工整改指令或向上级有关部门汇报提请处理，确保施工作业安全。

3）建设单位要认真履行建设单位安全管理职责，按规定到建设行政主管部门办理施工许可手续；加大对施工现场的安全检查力度，及时发现和纠正施工中存在的事故隐患；督促施工单位和监理单位履行安全管理职责，加强对重要施工环节和重要时段的监督检查，切实消除事故隐患，确保安全生产。

（5）相关知识与管理借鉴

经调查，这是一起典型的作业人员违规冒险作业引发的生产安全责任事故。建设工程项目主体工程完工之后，对于危险性相对较小的园林绿化及其附属工程，特别是采光井雨棚施工这样一个工艺相对简单的附属安装工程，管理人员和相关单位放松警惕、麻痹大意，违反操作规程和安全管理规定冒险作业，未按规定做好安全防护措施，导致事故发生。

高处坠落事故是在高处作业时发生的。根据高处作业时所处的部位不同，高处作业坠落事故有多种区分方法，这起高处坠落事故属于悬空作业高处坠落事故。悬空作业的特点是在周边临空的状态下进行作业时，高处在 2 米及 2 米以上。悬空高处作业的法定定义是“在无立足点或无牢靠立足点的条件下，进行的高处作业统称为悬空高处作业”。因此，悬空作业无立足点，必须适当地建立牢靠的立足点，如搭设操作平台、脚手架或吊篮等。为了避免显而易见的危险，最起码也要佩戴安全带，万一发生坠落，也能保证安全。作业人员之所以没有佩戴安全带，还是思想上麻痹大意，安全意识淡薄，没有把安全放在第一位，也没有真正把安全放在心上。

## 4. 电梯井内拆除水平防护架导致的高处坠落事故

2014 年 1 月 22 日 15 时 30 分，湖南省长沙市开福区洪山路维一星城·原山苑二期建设项目 6 号栋电梯井内在拆除水平防护架时发生一起高处坠落事故，造成 2 人死亡，直接经济损失 205 万元。

(1) 项目基本情况

维一星城·原山苑二期建设项目位于长沙市开福区洪山路 261 号，总投资 3.5 亿元，项目共有 5 栋住宅楼，总建筑面积为 7.13 万平方米，由湖南某建筑公司负责建设，于 2012 年 11 月 28 日开始土建主体施工。

发生事故的 6 号栋电梯井，共设计两台电梯（两电梯井隔墙相连），位于 6 号栋北面进户楼道，电梯口设置于电梯井南边，事故发生于东边电梯井。电梯井内的施工防护架随主体工程施工进度同步搭设，每 3 层搭设一道，为项目部架子工班的作业范围。2013 年 7 月 28 日，项目部与架子工班长张某良（具有登高架设作业证）签订了架子工程承包协议，按每平方米 18 元的劳动报酬结算（含拆除）。

2013年8月1日，张某良在搭设15层电梯井水平防护时，改变水平防护架体搭设材料和搭设方法，将东西向（靠北侧剪力墙）的一根钢管用顶托卡在电梯井东西面墙体上（起支撑作用）。同时将南北向两根槽钢换成钢管，且西侧一根钢管北端未插入北边剪力墙预留洞口，而是用扣件紧扣在用顶托支撑的钢管下面，架体搭设完成后，再满铺竹夹板，压上钢筋，用扎丝扎紧竹夹板。

2013年8月2日，建筑公司项目部6号栋专职安全员李某、监理公司监理员唐某平对包括电梯井水平防护在内的15层安全防护搭设进行了验收。由于电梯井水平防护满铺竹夹板，检查人员很难发现架体结构，以后在历次安全检查中，均未发现张某良擅自改变架体搭设材料和搭设方法的行为。

2013年年底，主体工程验收后，为了配合电梯施工进场，项目部要求从2014年1月3日起在年前（农历春节）清理电梯井内的脚手架及井底建筑垃圾。

（2）事故经过和救援情况

1月22日9时，张某良带着赵某良、刘某湘来到6号栋擅自拆除电梯井内水平防护（未系安全带，自三层往上开始拆）。下午3时28分左右，他们开始拆15层防护，张某良和刘某湘在竹夹板上剪断扎丝和清理完垃圾后，赵某良在电梯口楼面接拆下的竹夹板。张某良松动防护架扣件螺丝，当防护架西北角扣件螺丝松开后，未插入剪力墙预留洞口的钢管失去支撑后下坠，架体失稳，架体上作业的张某良和刘某湘连同未拆完的竹夹板坠落至电梯井井底。

事故发生后，赵某良一边大喊一边沿着楼梯往下跑，工地人员听到喊声后，随即赶到事故现场，现场施工人员立即拨打“120”急救电话，组织人员对两名伤者进行抢救。5分钟后，“120”急救车赶到，15时45分两名伤者被送至医院进行抢救，经医院抢救无效死亡。

（3）事故原因分析

1）直接原因。张某良在搭设15层电梯井水平防护时擅自改变水平防护搭设方式和使用材料，将架体槽钢擅自换成钢管且未插入北边剪力墙预留的洞口，也未按技术交底要求将改变防护架体搭设方法和改变搭设使用材料的行为向项目部报告。张某良安全意识淡薄，擅自拆除防护，拆除作业时未系安全带，且违反从上至下拆除的作业程序，在拆除架体受力结构发生变化的15层电梯井水平防护时，架体失稳，致使架体上作业的张某良和刘某湘坠落至电梯井井底，导致事故发生。

2）间接原因如下：

①建筑公司施工安全管理不到位。项目部架子工班组未按施工组织设计及技术交底要求认真组织施工。项目部在春节放假停工期间对进出施工现场人员管理不严，致使非作业人员进入危险作业场所。作业人员安全意识淡薄，违反电梯井水平防护拆除程序冒险作业。

②建筑公司现场安全检查不到位。项目部现场安全管理人员和施工管理人员未认真检查危险性较大的电梯井水平防护施工，致使改变架体搭设材料和搭设方法的行为未被发现并及时改正。

③监理人员履行安全职责不到位。在危险性较大的电梯井水平防护施工中，监理人员未按照相关规定对电梯井水平防护架体搭设作业情况进行认真检查，致使架体改变搭设材料和搭设方法的行为未被发现并及时改正。在6号栋工地停止施工期间，监理单位未按要求安排人员对工地进行巡查，致使架子工进入危险作业场所违规冒险作业行为未被发现。

（4）事故教训和整改措施

1）建筑公司要加强安全管理，加大对作业场所的安全生产检查力度，及时发现和消除作业工艺各环节的事故缺陷和隐患，杜绝违法、违章作业行为，确保安全生产。要认真履行安全管理职责，进一步完善和落实安全生产教育培训工作，全面提高作业人员安全生产意识，督促作业人员遵守作业规定和技术措施，杜绝违章作业行为。要进一步加强对项目现场的人员管理，特别是在假期、重要时段和停产停工期间，防止与施工作业无关的人员进入施工现场，对多次教育仍然违章违规冒险作业和野蛮施工的人员要清理出施工工地。

2）监理公司要认真履行安全生产监理职责，严格落实危险性较大施工的专项监理措施和要求，加强对施工现场安全生产情况的监督检查。要进一步加强假期、重要时段和停产停工期间的安全巡查和值班值守，及时发现存在的问题。要严格督促施工单位落实各项安全防护措施，确保施工作业的安全。

3）建设单位要督促施工单位和监理单位履行安全管理职责，切实加强对重要施工环节和重要时段的监督检查；要加大对施工现场的安全检查力度，及时发现和纠正施工中存在的安全事故隐患；同时要组织施工、监理和监督等有关单位对建设项目进行全面彻底的安全检查，切实消除安全事故隐患，确保安全生产。

（5）相关知识与管理借鉴

这起事故源于拆除电梯井水平防护过程，从事故经过描述来看，属于拆除脚手架作业。由于作业人员在拆除水平防护时违反从上至下拆除的作业程序，而且可能嫌麻烦，没有系安全带，在拆除架体受力结构已经发生变化的15层电梯井水平防护时，架体失稳，致使人员高处坠落。

拆除脚手架时应做到：拆除作业必须由上而下逐层进行，严禁上下同时作业；连墙件必须随脚手架逐层拆除，严禁先将连墙件整层或数层拆除后再拆脚手架，分段拆除高差应不大于2步，如大于2步应增设连墙件加固；当脚手架拆至下部最后一根长立杆的高度时，应先在适当位置搭设临时抛撑加固后，再拆除连墙件；当脚手架分段、分立面拆除时，对不拆除的脚手架两端，应按照规范要求设置连墙件和横向斜撑加固；严禁将各构配件抛掷至地面。

### 5. 使用吊篮进行外墙涂料施工作业人员高处坠落事故

2013 年 3 月 7 日，在湖南省长沙市岳麓区岳麓大道和银杉路交会处西北角的中央广场 1 号栋建设工地，施工人员在进行外墙涂料施工作业时发生一起高处坠落事故，造成 3 人死亡，直接经济损失 285.45 万元。

（1）项目基本情况

1）项目情况。中央广场建设项目由某置业公司投资建设，总建筑面积 45.78 万平方米。该项目分为 4 个标段进行施工建设，其中 1 标段（包括 1 号、2 号、9 号、10 号栋及一区地下室）由某建设公司总承包，由监理公司负责工程监理。建设公司于 2011 年 7 月底进场，8 月初开始施工。在完成 1 标段主体建筑施工后，经置业公司同意，建设公司于 2012 年 2 月 28 日与某建筑公司签订了 1 号栋外墙涂料及 EPS 线条（一种新型的外墙装饰线及构件）安装工程分包合同。1 号栋建筑面积为 45 353 平方米，主要功能为住宅，地下 3 层，地上 35 层，建筑高度 98.3 米。建筑公司在签订分包合同后，成立项目部，于 2012 年 4 月 15 日开始进场施工，事故发生当日正在进行 1 号栋外墙粉刷作业。

2）1 号栋吊篮的租赁、安装及使用情况。2012 年 10 月 24 日，项目部与某租赁公司签订了吊篮设备租赁合同。建筑公司没有安装资质，因此雇用租赁公司股东陈某海、贺某元（此 2 人取得了悬挂设备安装维修操作资格证）安装1号栋4台高处作业吊篮。陈某海和贺某元按照要求在1号栋C单元分两次先后共安装了7台吊篮，并对项目部有关操作人员进行了安全技术交底。

2013年2月，项目部为了加快施工进度，现场负责人刘某洋再次找到陈某海，要求在1号栋A单元再安装5台吊篮。陈某海于2月26日将安装5台吊篮的材料送到1号栋建设工地，于3月2日开始安装，于3月5日基本安装完毕。

（2）事故经过和救援情况

2013年3月7日7时左右，项目部涂料班组带班民工蒋某军安排本班组的民工对1号栋A单元的外墙粉刷底漆，12名民工分别乘坐A单元5台吊篮进行施工作业，其中秦某波、张某、黄某升乘坐了南面编号为9178的吊篮，并分别将系在身上的安全带连接在吊篮的安全护栏上。按照《建筑施工工具式脚手架安全技术规范》（JGJ 202—2010）规定，吊篮内作业人员不应超过2人，作业人员应将安全带挂设在安全绳上，安全绳不得与吊篮有任何连接。3人边粉刷底漆边操作吊篮上升。8时38分左右，当吊篮运行至33层时，吊篮突然坠落至地面。

事故发生后，蒋某军迅速拨打了“120”急救电话，秦某波、张某、黄某升被迅速送往就近医院进行抢救，但3人因伤势过重，经抢救无效死亡。

（3）事故原因分析

1）直接原因如下：

①陈某海在组织安装编号为9178的吊篮时，未将吊篮西端工作钢丝绳和安全钢丝绳绳夹拧紧，为该吊篮使用留下了安全事故隐患。

②项目部涂料班组民工擅自使用未经联合验收且存在严重安全事故隐患的吊篮。

③该吊篮乘坐人员超员，加大了钢丝绳和悬挂机构连接耳板上插销的负荷。

④民工秦某波、张某、黄某升在乘坐吊篮时，未将系在身上的安全带挂设在独立于吊篮外的安全绳上，导致3人随着吊篮一起坠落至地面。

2）间接原因如下：

①吊篮的安装不规范。项目部在安装1号栋A单元5台吊篮时，未按照规定要求编制安装方案。

②现场安全管理不到位。项目部现场管理人员未及时发现和纠正民工擅自使用未验收吊篮、超员乘坐吊篮和不按规定将安全带系在安全绳上等问题。建设公司项目部和监理公司监理部有关人员未全面、准确传达并监督落实先导区安监分站的指令，也未制止项目部民工违规使用吊篮的行为。

（4）事故教训和整改措施

1）建设部门要加强对高处作业吊篮安装、使用和管理情况的调研，进一步完善高处作业吊篮的管理制度和安全技术规范；要督促建设单位、施工单位、监理单位和设备租赁单位严格落实安全生产主体责任，加强对高处作业吊篮安装、使用、维护和拆卸的管理；要对在建项目高处作业吊篮的使用和管理情况进行一次安全大检查，杜绝未经联合验收合格的高处作业吊篮投入使用，杜绝无安装资格的人员从事高处作业吊篮安装、拆卸业务，杜绝违规操作使用，严防类似事故再次发生。

2）建筑公司要增强安全生产主体责任意识，加大对施工现场组织领导、力量投入和监控检查的力度，及时发现和消除事故隐患，杜绝违法、违规操作行为；特别要深刻吸取本次事故血的惨痛教训，完善高处作业吊篮安全管理制度，进一步规范高处作业吊篮的承租、安装、验收、使用、维护等工作，做到严格管理，确保万无一失；要进一步完善和落实安全生产教育培训工作，提升作业人员安全生产意识和能力，从根本上提高企业安全生产水平。

3）建设公司作为总包单位，要牵头抓好整个项目的安全生产，在严格管好本单位施工项目的同时，要切实加强对分包项目和分包单位的安全管理，督促和指导分包单位认真抓好安全生产工作；要加强与业主单位、监理单位、分包单位的工作联系和协调，避免出现安全管理上的工作脱节和漏洞；要严格执行安全生产法律法规，认真落实安全监管部门的工作指令。

4）监理公司要强化安全生产监理责任意识，对安全资质、设备材料质量、特种作业方案等安全生产要素要严格把关；要进一步落实监理工作责任制，严格要求施工现场监理人员认真履行安全生产监理职责；要严格执行安全生产法律法规，认真落实安全监管部门的工作指令。

5）置业公司要加大对施工现场安全生产的监督检查力度，督促施工单位和监理单位认真履行好安全生产主体责任和监管职责，切实加强对整个项目每一个环节、每一个部位的安全管理，及时发现和解决施工中存在的安全隐患和问题，确保整个项目文明施工，安全生产。

（5）相关知识与管理借鉴

这起事故的发生有两个方面的原因，一个是工作钢丝绳和安全钢丝绳没有拧紧。经过对事故现场进行勘验，相关人员对吊篮及相关设备进行了技术检测和分析并作出如下结论：由于绳夹未拧紧，悬吊平台（吊篮）西端的工作钢丝绳从西端悬挂机构连接处的绳夹中滑脱，安全钢丝绳受力，安全锁锁住安全钢丝绳，安全钢丝绳又从绳夹中滑脱，致使悬吊平台整体坠落。另一个原因是人员在吊篮作业时超员。

按照规定，每台吊篮上只允许 2 人作业，而发生事故的吊篮却是 3 人作业。这样显而易见的违章行为却没有人及时纠正。

吊篮使用安全管理措施主要有以下几点：

1）吊篮使用单位在每班吊篮作业前，应当组织吊篮操作人员对吊篮的安全状况进行全面检查，并做好检查记录。

2）吊篮使用单位在吊篮下方应设置安全隔离区和明显的安全警示标识，不得在吊篮垂直运行区域内进行交叉作业。

3）吊篮操作人员应当严格按照吊篮安全操作规程和产品使用说明书等进行操作，严禁违章指挥和违规作业。

4）施工作业时，严禁超过吊篮的额定载荷。吊篮下方严禁站人，严禁交叉作业。

5）吊篮操作人员发现吊篮运转异常或出现故障时，应当立即切断电源并停止操作，在保证安全的情况下撤离现场，并及时向施工现场安全管理人员和单位负责人报告。

6）吊篮故障应当由吊篮产权单位的专业维修人员及时进行修复或排除，在排除故障消除事故隐患后方可重新投入使用，安全锁须由安全锁生产厂家进行维修。

7）操作人员在作业中有权拒绝违章指挥和强令冒险作业。在每班作业前，操作人员应当对吊篮进行检查，发现事故隐患或者其他不安全因素时，应立即处理，排除事故隐患或不安全因素后，方可使用吊篮。

8）作业人员必须在地面进出吊篮，严禁在空中攀爬进出吊篮，严禁酒后登吊篮操作，严禁向下抛扔杂物，严禁将吊篮用作起重运输设备和进行频繁升降运动。

9）吊篮上的操作人员应当配备独立于悬吊平台的安全绳及安全带等安全装置。安全绳应当固定于有足够强度的建筑物结构上。严禁将安全绳、安全带直接固定在吊篮结构上。

10）有架空输电线的场所，吊篮的任何部位与输电线的安全距离应不小于10米，如果条件限制，应当与有关部门协商，并采取安全防护措施后方可使用吊篮。

11）每天作业完毕应将吊篮降落于地面，同时切断吊篮电源，清除吊篮内的建筑垃圾。

12）吊篮操作人员应当如实填写吊篮运转、日常检查、维修、保养和交接班记录。

### 6. 使用磨损严重的吊绳作业时吊绳突然断裂高空坠落事故

2013年11月3日15时许，林州某工程有限公司承建的河北省武安市安泰小区6号楼，在进行外墙涂料粉刷时，发生一起高空坠落事故，造成1人死亡，直接经济损失70万元。

（1）项目基本情况

2011年6月30日，林州某工程有限公司与某房地产开发公司签订安泰小区二期经济适用房（配建廉租房）项目6号、12号楼建设工程施工合同，该项目于2011年7月开始施工。林州某工程有限公司为事故发生单位，该公司安泰小区项目部经理为刘某吉，现场负责人为苗某军。河北某工程项目咨询有限公司为建设工程监理单位。

（2）事故经过和救援情况

2013年11月3日上午，苗某军安排班长张某平负责对6号楼外墙进行粉刷，张某平安排4名粉刷工进行作业，要求粉刷时使用吊篮。

14时30分左右，外墙粉刷工张某亮等4人开始施工。15时左右，班长张某平发现外墙粉刷工张某亮正在使用吊绳作业，已粉刷到第10层。班长随即上楼阻止，当其走到一楼时，吊绳突然从12层至13层处断裂，张某亮的安全带与防护绳未能卡紧，导致张某亮从高空坠落受伤。

张某平看到这一情况后立即打电话向“120”求救，同时向现场负责人苗某军进行了汇报。15时05分左右，“120”急救车和苗某军先后赶到现场，医护人员将张某亮移上救护车送往市医院进行抢救，经抢救无效死亡。

（3）事故原因分析

1）直接原因。张某亮使用磨损严重的吊绳违章作业，作业中吊绳突然断裂，导致事故发生。

2）间接原因如下：

①作业人员未按规定使用劳动防护用品，吊绳突然断裂时，安全带和防护绳未起到保护作用是此起事故的主要原因。

②施工现场负责人未能及时发现并制止外墙粉刷工违规使用吊绳。

③施工现场监理人员未能及时发现、制止外墙粉刷工使用吊绳作业，未能及时将停产令送达施工方。

④安全管理不到位。现场监管人员履行安全管理职责不到位，未能对外墙粉刷工的违章行为予以制止。

⑤安全培训教育不到位。作业人员缺乏自我保护意识，对作业场所中的危险因素缺乏辨识能力，施工单位未对外墙粉刷工进行必要的安全培训。

（4）事故教训和整改措施

1）建筑施工企业应深刻吸取事故教训，加强对该施工现场的安全监管，并举一反三，对施工现场的事故隐患进行认真排查，防范类似事故发生。该项目部要切实履行企业主体责任，加强企业安全管理，杜绝违章指挥、违章作业，严格执行操作规程和各项安全管理制度。

2）建筑施工企业要加强事故隐患排查和整改，对施工现场各环节存在的隐患进行排查并认真整改，保证安全作业的环境和条件。

3）要加强职工的安全教育培训，提高作业人员的安全意识和操作技能水平。作业人员经审核合格后方可上岗作业。

（5）相关知识与管理借鉴

近年来，由于高层建筑工程的发展需要，高处作业中吊篮投入使用的次数日益增多。施工企业是吊篮的使用者和管理者，在使用和管理上要注意以下几点：

1）应该选择合格的机械管理人员及合格的安装人员。好的开始往往是成功的一半，同时也是工作质量的保证。

2）必须有一套科学细致的安装方案。方案必须明确设备的受力分析、受力传递途径，明确安装顺序及拆卸顺序；明确验收项目；明确检查要点及检查时间，使设备的安装程序化、管理标准化和规范化。

3）管理人员及安装人员必须仔细研究方案，明确各自的工作内容和工作程序，严格根据方案的要求进行，不得私自更改工作内容和安装方案。

4）严格验收程序，必须以方案为依据，认真履行验收手续，严格执行，不得降低要求。

5）严格检查关、复查验收关，这一步的检查直接关系设备的正常运行，是设备长期安全运行的保证。

## 7. 室内装修没有系安全带登高作业高处坠落事故

2013 年 11 月 13 日 7 时 20 分左右，江苏某建设工程有限公司在河北省辛集市格林印象二期工程9号楼内装修过程中发生高处坠落事故，造成1人死亡，直接经济损失69.5万元。

（1）项目基本情况

江苏某建设工程有限公司于1998年5月成立，经营范围为二级房屋建筑工程施工总承包、三级机电设备安装工程专业承包、水电安装。该建设工程有限公司在辛集市格林印象二期工程中，承担建设任务。二期工程9号楼于2012年4月开工建设，事故发生时主体已封顶，工程进入最后室内装修环节。

（2）事故经过和救援情况

2013年11月13日7时20分，室内装修工人汤某委和闫某峰在辛集市格林印象二期工程9号楼三单元8楼一房间内的南面落地窗（未安装窗框）内侧干活，负责在屋顶涂抹腻子，使屋顶平整。两人分别蹬着120厘米高的长条凳子站在窗户边上打墨线，具体的工作是两人在屋顶的两侧固定住墨线后，根据弹出的直线痕迹，将不平整的地方用腻子补齐。汤某委在窗户的西侧，凳子是南北向放置；闫某峰在窗户的东侧，凳子是东西方向紧挨着窗户放置。两人站在凳子上打完墨线后，闫某峰开始从凳子上由东向西收墨线，一边收线一边向汤某委一侧移动。汤某委发现自己上方的屋顶有一个水泥硬块，随即用手去清理。闫某峰走到窗口位置时，汤某委手里拽着墨线线头的铁钉，突然墨线绷紧，汤某委手中的铁钉脱手。汤某委随即扭头看闫某峰，发现凳子上已经没有人了。原来闫某峰收线时重心失稳，从8楼窗口掉了下去。汤某委立即从8楼跑到1楼，发现闫某峰已经躺在9号楼南侧的地上。

事故发生后，汤某委立即通知了装修队队长王某传，王某传当即赶到现场，途中拨打了“120”急救电话，同时通知了施工项目部负责人王某华。“120”急救车赶到后，立即将闫某峰送往辛集市第一医院，王某华直接赶到了辛集市第一医院，闫某峰经医院抢救无效于当日 8 时死亡。

（3）事故原因分析

1）直接原因。装修工人闫某峰缺少基本安全常识，在没有采取任何防护措施、没有正确佩戴任何劳动防护用品的情况下登高作业并导致事故。

2）间接原因如下：

①施工单位安全事故隐患排查工作不细致。在日常工作过程中，施工单位没能及时发现施工过程中存在的危险因素，没能及时纠正所存在的安全事故隐患，在落地窗口没有任何防护措施的情况下，允许工人登高作业。

②施工单位安全生产培训没有落实到位。公司没有对汤某委、闫某峰进行安全生产培训教育，未能保证从业人员具备必要的安全生产知识。

③施工单位未为工人配备符合国家标准或行业标准的劳动防护用品，并监督、教育从业人员按照使用规则佩戴、使用，施工现场缺少必需的防护装置。

这是一起缺少个人防护、安全教育培训和安全管理不到位而引发的一般生产安全责任事故。

（4）事故教训和整改措施

1）施工企业要按照《安全生产法》和建筑行业相关规定，建立健全公司安全生产规章制度，重新任命有相关资质的人员担任安全管理人员，协调管理公司日常安全生产工作，明确安全管理职责，落实安全生产主体责任。

2）施工企业应吸取这次事故的教训，根据本公司的自身生产实际情况、危险程度、工作性质及具体工作内容的不同，完善各岗位安全生产操作规程。同时，施工企业应制定安全事故隐患排查治理制度，开展全面的安全生产检查，整改安全事故隐患，落实企业安全生产主体责任。

3）施工企业要开展从业人员安全生产教育培训，使从业人员熟悉和掌握安全生产知识，增强职工安全意识，切实使每名职工能够熟悉本岗位的安全生产操作规程，掌握本岗位的安全操作技能，同时立即为从业人员配备符合国家标准或行业标准的劳动防护用品，并监督从业人员正确佩戴。

4）管理部门要加强对全市建筑工地监管力度，督促企业吸取事故教训，认真落实安全生产教育培训、安全生产“三项制度”、安全生产事故隐患排查等工作，发现隐患，立即督促整改。

（5）相关知识与管理借鉴

在这起事故中，两名装修人员在室内划线，做装修前的准备工作，结果其中一人从窗户坠落下去。从事故原因来看，虽然归咎为装修人员缺少基本安全常识，没有系安全带，没有采取任何防护措施，但是更深层次的原因，还是装修人员自身的安全意识不强，缺少“我要安全”的自觉性。

按照规定，基准面 2 米及 2 米以上就为高处作业，就应当进行安全防护。现在的窗户为了采光效果好，都采取大开窗的设计，在十几层楼的高处作业，在窗户没有防护措施的情况下，相当于高处平台作业，如果临近窗户旁边，那就会更加危险。面对危险，作业人员如果安全意识强一些，主动系安全带，或者找一些物体在窗户前做遮挡，有可能保证相对的安全。作业人员如果安全意识不强，就会马马虎虎，并不在意。据统计，同一个作业现场，同一个作业环境，从事作业施工时间短的人员比从事作业施工时间长的人员易发生事故。因为新来的人员，对建筑几乎一无所知，对现场的危害不知情，可能盲目施工。例如，从电梯井和其他预留洞口坠落的人员，几乎都是新工人。这里很重要的一个原因，就是安全教育不到位，有的甚至根本没有进行安全教育。安全教育能够增强作业人员的安全意识，对施工企业来讲，既是法律法规的规定要求，也是实际需要，切不可忽视。

## 8. 拆除脚手架斜拉杆转动人员被打落高处坠落事故

2013年1月7日9时30分，河南某建设集团有限公司（以下简称建设公司）在其承揽的唐山某化工有限公司己二酸项目A标段防腐工程己二酸装置原料罐区2701B罐体脚手架拆除作业中，发生一起高处坠落事故，造成1人死亡，直接经济损失60万元。

（1）项目基本情况

建设公司成立于1984年，于2005年取得安全生产许可证，具有承揽防火、防水、化学清洗、金属喷镀、设备涂装等工程施工资格。2012年8月，建设公司与唐山某化工有限公司签订了防腐合同，负责唐山某化工有限公司己二酸项目A标段地下管网、工艺管道、罐区的防腐工程。2013年1月，建设公司在驻地临时雇用了王某波等12名工人。

（2）事故经过和救援情况

2013年1月7日8时，建设公司项目部安全员何某锁召开由王某波等12人参加的班前会（班组长牛某琢请假），并进行了安全技术交底，主要工作是拆除己二酸装置原料罐区脚手架。会后，王某波和高某负责拆除2701B罐体脚手架。

9时，王某波和高某分别爬到2701B罐体南侧脚手架4层平台（距地面约7.5米）拆除脚手架。王某波站在4层平台东侧，高某站在4层平台西侧，9时20分左右，2人合作共同拆除了4层平台的一根横杆（约3米长）。随后，高某沿4层平台走到2701B罐体西侧拆除第二根横杆，王某波站在原地拆除身前的脚手架斜拉杆（俗称剪刀撑，斜拉杆由2根长约3米的钢管构成，以“X”形交叉固定，水平夹角是60°，两端和中间分别由卡扣固定）。

9时30分左右，王某波拆除完成斜拉杆左上端卡扣后，下蹲俯身拆除斜拉杆中间卡扣。当斜拉杆中间卡扣被拆除的瞬间，斜拉杆突然沿顺时针滑落转动，钢管砸在王某波上身，将正下蹲俯身在4层平台作业的王某波打落至地面。

事故发生后，现场作业人员立即将王某波送往附近医院进行抢救。12时20分，王某波经抢救无效死亡。

（3）事故原因分析

1）直接原因。王某波在拆除斜拉杆过程中，违反“先拆两端，后拆中间”的拆除脚手架斜拉杆安全操作规程，采取由上至下的顺序拆除斜拉杆卡扣。当斜拉杆中间卡扣被拆除的瞬间，斜拉杆突然沿顺时针滑落转动，砸在王某波上身，将正下蹲俯身在4层平台作业的王某波打落至地面。

2）间接原因如下：

①违章作业。工程项目部王某波在拆除脚手架作业时，未按规定佩戴安全带。

②安全管理不到位。工程项目部现场安全管理混乱，管理人员对作业现场存在的事故隐患检查不到位，对作业人员违章作业没有及时发现和制止。同时，项目部对王某波等相关人员资格条件审查把关不严，致使王某波等人无证上岗作业。

③安全教育不到位。项目部虽然对职工进行了安全培训，但培训的针对性不强，导致从业人员安全知识匮乏，对危险因素认识不足，自我保护意识淡薄。

（4）事故教训和整改措施

1）施工企业要举一反三，认真吸取此次事故教训，立即对施工现场进行停产整顿，全面排查和及时消除各类事故隐患，经验收合格后方可恢复生产活动，杜绝各类事故发生。

2）施工企业要加强作业现场的安全管理，及时督促作业人员严格执行各种安全管理规定和操作规程，杜绝“三违”现象再次发生，特种作业人员必须持证上岗。

3）施工企业要切实加强对职工的“三级安全教育”，要对临时作业人员进行一次安全生产再教育，保证从业人员熟悉有关的安全生产规章制度和安全操作规程，掌握本岗位的安全操作技能，了解岗位的各种不安全因素，从本质上提升职工安全意识及安全素质水平。

（5）相关知识与管理借鉴

这起事故发生在拆除脚手架的过程中，作业人员违反“先拆两端，后拆中间”的拆除脚手架斜拉杆安全操作规程，自作主张，结果反而发生事故，自己伤害了自己。

脚手架搭设与拆除作业属于危险性较大的作业，在作业时应注意的安全事项主要有以下几点：

1）在脚手架上作业的人员必须穿防滑鞋，正确佩戴使用安全带，着装应灵活方便。

2）进入施工现场必须佩戴合格的安全帽，系好下颌带，锁好带扣。

3）登高（2 米以上）作业时必须系合格的安全带，系挂牢固，高挂低用。

4）脚手板必须铺严、铺实、铺平稳，不得有探头板，要与架体拴牢。

5）架上作业人员应做好分工、配合，传递杆件应把握好重心，平稳传递。

6）作业人员应配备工具袋，不要将工具放在架子上，以免掉落伤人。

7）架设材料要随上随用，以免放置不当掉落伤人。

8）在搭设作业中，地面上的配合人员应避开可能落物的区域。

9）严禁在架子上作业时嬉戏、打闹、躺卧，严禁攀爬脚手架。

10）严禁酒后上岗，严禁高血压、心脏病、癫痫等不适宜登高作业的人员上岗作业。

11）搭、拆脚手架时，要有专人协调指挥，地面应设警戒区，要有旁站人员看守，严禁非操作人员入内。

12）架子在使用期间，严禁拆除与架子有关的任何杆件，必须拆除时，应经项目部主管领导批准。

13）架子每步距均设一层水平安全网（随层），以后每4层设一道。

14）脚手架基础必须平整夯实，具有足够的承载力和稳定性，立杆下必须放置垫座和通板，有畅通的排水设施。

15）搭、拆脚手架时必须设置物料提上、吊下设施，严禁抛掷。

16）脚手架作业面外立面设挡脚板加两道护身栏杆，挂满立网。

17）架子搭设完后，要经有关人员验收，填写验收合格单后方可投入使用。

18）遇6级（含）以上大风及雪、雾、雷雨等特殊天气应停止架子作业。雨雪天气后作业时必须采取防滑措施。

19）脚手架必须与建筑物拉结牢固，需安设防雷装置，接地电阻不得大于4欧姆。

20）扣件应采用锻铸铁制作的扣件，其材质应符合现行国家标准的规定要求。

## 9. 防护平台上清理垃圾平台板倾翻高处坠落事故

2013 年 5 月 20 日，在某建设集团公司（以下简称建设公司）承建的建设项目工地，一名工人在 2 号楼 2 单元西侧电梯井内 15 层清理垃圾时，不慎高处坠落，导致木楞穿体，经抢救无效死亡，直接经济损失 90 万元。

（1）项目基本情况

发生事故的建设公司成立于 2001 年 9 月，经营范围：房屋建筑工程施工总承包特级，市政公用工程施工总承包一级，建筑装修装饰工程专业承包一级等。公司注册资金 3.26 亿元，企业员工约 2 万人。建设公司秦皇岛分公司负责建设项目承建工作，北京某工程监理公司负责项目监理。

（2）事故经过和救援情况

建设公司秦皇岛分公司承建的建筑项目施工现场经理李某，2013 年 5 月 20 日 6 时 20 分左右上班后，安排架子工班组清理电梯井垃圾。

班长付某接到任务后，在 2 号楼楼下给班组 4 个工人分配工作，2 个人负责一个井，董某利和周某超清理 2 号楼 15 层 1 单元西侧电梯井，周某田和付某合清理 2 号楼 15 层 2 单元东侧电梯井。董某利和周某超乘坐双笼电梯直接到 15 层后，从电梯井门口钢筋防护栏的中间空隙钻进去开始干活。董某利在靠近井里面的东南角位置，周某超在靠近门口的西北角位置，董某利拿着手锤和钎子凿黏在搭设的硬防护平台上的水泥垃圾，周某超用铁锹把董某利凿下来的垃圾往外清。

清理到 10 时左右时，董某利踩翻了踏板，不慎跌了下去，随后硬防护平台往下陷，周某超发现情况危急，迅速用手抓住了门口的钢筋栏杆爬出了电梯井。而后，周某超就大声喊在东侧电梯井干活的人，并马上给班长付某打电话。周某超打完电话后，向楼下跑，一层一层找防护网，查看防护网是否把人接住了，但一直找到一楼也没有发现防护网兜着人。班长付某接到周某超的电话后，立即向一楼电梯井跑去，查看董某利是否掉下来，遇见周某超从楼上往下找。他们一直到一楼也没有发现董某利，于是赶紧向地下室跑去。由于地下室光线黑暗，2 人用手机的光亮才看见董某利倒栽在地下室电梯井里的木楞上。

事故发生后，现场人员拨打“120”急救电话求援，大约 20 分钟后救护车赶到，医务人员对伤者进行抢救，因伤势过重，董某利经抢救无效死亡。

（3）事故原因分析

1）直接原因如下：

①作业人员在电梯井 15 层防护平台上清理垃圾时，由于震动，造成防护平台水平支撑滑落，平台板发生倾翻，导致事故发生。

②在安全系数较小又处于高处作业的防护平台上作业，作业人员虽配备了安全带，但在进行清理作业时却没有悬挂，导致安全带在平台板发生倾翻时没有起到保护作用。

2）间接原因如下：

①事故现场的电梯井内虽按要求每 3 层设置了一道安全兜网，但安全网固定不牢固，在重物冲击下失去了防护作用，致使作业人员发生坠落后穿过 4 道安全兜网坠落到电梯井底部。

②企业安全教育培训工作不到位，未按照国家有关规定对职工进行三级安全教育培训，致使职工安全意识淡薄，违章作业。

③施工单位对作业现场安全检查不到位，企业未认真履行安全检查制度，对作业人员在作业过程中，虽佩戴安全带但没有悬挂使用的

情况未能及时发现并制止。

④监理单位对搭设电梯井的防护平台和安全兜网存在安全事故隐患未能及时发现并提出整改措施，且在进行电梯井清理作业过程中未进行安全监理检查。

（4）事故教训和整改措施

建筑施工单位要深刻吸取本次事故血的教训，广泛开展事故警示教育，全面提升整体安全意识，严格落实国家规定的建筑施工安全防护措施，杜绝类似事故。

1）进一步加强全员安全教育培训。建筑施工单位要大力加强日常安全生产教育培训，认真开展施工安全技术交底、告知工作，进一步规范教育内容、培训时间和师资配备等有关要求，使每名施工人员真正了解岗位安全操作规程、相关安全规章制度和工程施工中的各类危险源（点），全面提升全员安全素质，坚决杜绝各类“三违”现象的发生。

2）深入开展事故隐患排查治理。建筑施工单位要认真按照《建筑施工安全检查标准》（JGJ 59—2011），深入开展安全生产自查自纠活动，认真排查治理各类安全生产事故隐患。施工单位要定期进行安全检查，把隐患排查治理工作落到实处，严格专职安全管理人员的检查责任和项目负责人的隐患整改消除责任，加强日常安全生产检查巡查，大力降低隐患总量和发生频率。

3）切实健全建筑施工安全保证体系。建筑施工单位要认真按照相关法规规定，建立健全并完善各项建筑施工安全生产规章制度和标准，提高施工现场本质安全水平。要继续完善落实安全生产“三项制度”和安全生产承诺等长效机制，深化覆盖层面，强化责任落实，加大安全投入，形成安全管理刚性制度，有效推动安全保证体系建设。

4）不断强化相关管理人员的责任意识。建筑施工单位要加强项目负责人、专职安全管理人员现场检查整改责任，对现场存在的重大安全问题，安全员有权要求立即停工整改，并及时上报项目负责人，项目负责人必须及时整改消除隐患，确保施工安全。

（5）相关知识与管理借鉴

在这起事故中，导致事故发生的有 2 个因素：一是作业人员在电梯井 15 层防护平台上清理垃圾，由于震动，造成防护平台水平支撑滑落，平台板发生倾翻；二是作业人员虽配备了安全带，但在进行清理作业时没有悬挂，平台板发生倾翻时安全带未能起到保护作用。

作业人员应严格遵守安全操作规程，不能违章操作，也不能嫌麻烦冒险作业。要注意，凡是进行高处作业施工的，应使用脚手架、平台、梯子、防护围栏、挡脚板、安全帽、安全带和安全网等，作业前后要认真检查所用的安全设施是否牢固可靠。对安全帽、安全带等必备的个人安全防护用具，作业人员应按规定正确佩戴和使用。

管理人员要重视教育和交底工作，规章制度再好，高处作业方案制定得再完善，如果不将其内容向有关的施工人员进行教育和交底，也起不到应有的作用，不能减少施工现场的高处作业事故。因此，企业必须将有关的制度方案向有关施工人员进行教育和交底。同时，管理人员要重视施工现场的安全生产检查、整改。施工作业人员是否遵章守纪，是否按高处作业要求进行施工，现场安全防护设施是否损坏、有没有及时修复，高处作业人员是否按规定佩戴劳动防护用品等，都要靠安全检查来解决。

## 10. 井口边缘作业时未系安全带高处坠落事故

2018 年 3 月 28 日 16 时 10 分许，江苏某水利工程处项目部在进行江苏省徐州市丰县地面水厂一期配套清水管网工程A标段（东环路过南环路沉井顶管工程施工段）施工时，发生一起高空坠落事故，造成1人死亡，直接经济损失70万元。

（1）项目基本情况

丰县地面水厂一期配套清水管网工程为丰县某公司投资建设，该工程共分为A~F共计6个标段。2016年10月，江苏某水利工程处中标A、B、F 3个标段，3个标段均为土建及安装工程。施工范围及内容：净水厂通达城区及环城管网的土建及安装。

在该清水管网A标段工程施工时，江苏某水利工程处成立项目部实施施工。该工程施工共分3个施工地点，分别是东环路阶段（事故发生地点）、南环路阶段、西环和北环路阶段，具体实施管道铺设和过路拉顶管施工。

2018年1月10日，江苏某水利工程处与徐州某劳务有限公司签订丰县东环路过南环路沉井顶管附属工程劳务分包协议，施工工期90天，以负责包工、包机具，不包材料的形式施工。徐州某劳务有限公司负责工程施工中的东环路过南环路顶管附属工程，施工范围及内容：东环路过南环路沉井顶管工作井，接收井井内支混凝土，工作井盖板预制吊运安装；接收井土方回填；防水卷材铺设；场地清理恢复。

（2）事故经过和救援情况

东环路过南环路顶管工程于2017年8月正式实施，工程作业工序是先将工作井进行封盖和盖板，后盖检修井砼井盖板，再做检修井检修孔防坠网，将预制井盖装上，最后平整恢复场地。目的是防止人员进入检修井坠落井中。事故发生时，该主体工程基本结束，前期施工的安全护栏已拆除。

3月26日，徐州某劳务有限公司项目经理王某权又临时叫来6

人，让施工现场负责人郭某田进行检修井检修孔防坠网铺设工作。

3月28日16时10分，徐州某劳务有限公司施工现场负责人郭某田安排王某印与其在检修井检修孔内（井口直径大约1米，深6米，属高空作业，即高度超过2米的作业，需要悬挂安全带，并且高挂低用）打膨胀螺栓，工作人员王某印在检修井检修孔内为确定膨胀螺栓位置，划线（在井口内）的时候不慎掉入井内。

当时水利工程处主任栾某升和项目经理杨某在检查工地，事发时刚走到该工程的大门处，在了解情况后，栾某升拨打了“119”和“120”电话，并安排工人下井营救，然后配合刚来的消防队施救，将伤者救出送至医院，2小时后伤者经抢救无效死亡。

（3）事故原因分析

1）直接原因。徐州某劳务公司施工人员王某印违规作业，未正确佩戴劳动防护用品，现场作业的井深约6米，作业现场也未设置安全围栏。

2）间接原因如下：

①徐州某劳务有限公司在没有劳务分包施工资质的情况下擅自承包该工程项目，对现场作业人员没有进行安全教育培训，现场作业人员无劳动防护用品，在不具备安全条件的情况下安排人员进行施工作业。

②江苏某水利工程处项目部将该工程分包给无资质的劳务分包公司进行施工，且在施工过程中，对作业现场没有正确履行监督检查职责，对施工现场事故隐患排查不到位。

③监理公司违法让无监理资质的人员上岗，该项目工程的现场监理员李某枫尚处于实习期，不具备相关监理资格，对作业现场事故隐患排查不到位。

（4）事故教训和整改措施

1）施工企业要严格落实安全生产主体责任，坚定不移抓好各项安全生产政策措施的落实，全面提高项目施工安全管理水平。施工企业要严格按照法律法规要求，做好劳务分包工程施工作业，杜绝类似事故发生。

2）施工企业要加强三级安全教育和培训，强化施工人员安全意识，严禁施工人员违反操作规程作业。对于存在事故隐患的施工现场，要设置明显的警示标识，配备相应的安全设施，采取安全防范措施，加强安全管理和检查力度。

3）施工企业要深刻吸取事故教训，切实履行安全监管职责，全面落实现场安全管理人员职责，全面做好事故隐患排查，建立长效工作机制，切实把安全监管责任落实到位，有效防范和遏制事故的发生。

（5）相关知识与管理借鉴

施工企业必须要做好高处作业人员的安全教育和安全技术交底，主要内容包括以下几点：

1）所有高处作业人员应接受高处作业安全知识的教育。攀登和悬空高处作业人员以及搭设高处作业安全设施的人员，必须经过专业技术培训并经考试合格。高处作业人员应经过体检，合格后方可上岗。

2）所有高处作业前应依据有关规定进行专门的安全技术签字交底。交底应针对高处作业场所的特点，将作业防护措施、操作注意事项、禁止规定等，由施工员（工长）逐条向班组成员交代清楚，由交底人、接受交底双方签字后生效。采用新工艺、新技术、新材料和新设备的，应按规定对作业人员进行相关安全技术签字交底。

3）高处作业前，施工单位应为作业人员提供合格的安全帽、安全带等必备的安全防护用具，作业人员应按规定正确佩戴和使用。

除此之外，施工企业还要加强洞口、临边安全防护措施的日常监护。很多洞口、临边安全防护设施的使用不是一两天的事情，时间久了，就可能损坏，所以必须建立安全防护设施的巡视检查制度。洞口、临边安全防护措施必须由专人负责，并做好检查记录。每次高处作业前，该负责人应先对作业环境和安全防护设施完好情况进行检查，确认作业面无事故隐患后，再注意检查劳动防护用品是否按规定佩戴，一切合格后方能进行高处作业。如果存在事故隐患，必须整改至合格，方可进行作业。只要做好预防措施，高处坠落事故将明显减少。

## 11. 在玻璃顶棚高处作业未系安全带高处坠落事故

2017 年 8 月 1 日 10 时 40 许，在江苏省无锡市金匮里东南侧地下停车和绿化配套设施工程二标段项目工地，发生一起高处坠落事故，造成 1 名作业人员死亡。

（1）项目基本情况

金匮里东南侧地下停车和绿化配套设施工程二标段项目工程，经公开招投标，某建设公司于 2016 年 1 月 15 日中标该项目总承包。中标后，某新城集团与该建设公司签订建设工程施工合同，合同工期为 330 天。承接工程后，建设公司组建项目部进场施工。项目部下设木工、瓦工、钢筋工、架子工、装饰、水电和外协的玻璃安装等班组。

2017 年 6 月 25 日，某经营部与建设公司签订了玻璃供应合同和玻璃加工合同，合同内容主要是按照甲方要求提供给金匮里二标项目装饰装潢部分所用的玻璃，双方口头约定玻璃供货方负责玻璃安装。同时，双方签订了安全生产协议书，明确了双方安全生产职责。玻璃安装作业为该项目地下车库坡道出入口的顶棚玻璃安装。地下车库分南北 2 个出入口，南出入口南北走向，顶棚需安装两排长 1 700 厘米、宽100厘米的钢化玻璃，每排计34块，玻璃为相对正型（北出入口弯道，部分玻璃异型）。玻璃顶棚最深处距坡道垂直距离为5.6米。玻璃顶棚下为钢结构，钢结构支撑于坡道两侧混凝土结构的挡土墙，玻璃顶棚与挡土墙顶部的垂直距离为1.2米。坡道为波纹混凝土结构。

至事故发生时，该工程进度为土建已完成，装饰装潢和市政铺设已接近尾声，剩余地下车库南北出入口的顶棚玻璃安装及部分市政道路的铺设。

（2）事故经过和救援情况

2017年8月1日，经建设公司安全教育培训和安全交底的李某银、金某宏等临时有事，当日不能进场作业。5时30分，某经营部玻璃安装现场负责人王某在临时用工的地下市场，雇用了吴某义、徐某和钱某良。6时30分，王某带领吴某义、徐某和钱某良进至金匮里二标项目工地，在北出入口找了一块破损的安全网四角固定设置于南出入口后开始进行坡道顶棚玻璃安装，作业人员作业中佩戴安全帽，但未系安全带（绳）。

作业至8时许，作业人员发现所安装的玻璃尺寸不符。某经营部魏某成于9时45分许到达作业点，对安装好的玻璃顶棚进行玻璃和五金件尺寸复核，作业中未系安全带（绳）。

9时50分许，项目部张某政、董某南和现场监理员安某巡查至地下车库南出入口时，发现现场作业人员未系安全带（绳），且安全网设置不规范，当场责令停止作业，随后监理员安某开具了一份监理通知单，责令立即停止作业。随后，安装玻璃的吴某义等作业人员撤离作业现场，余下魏某成在顶棚继续复核玻璃及五金件的尺寸。

10时40分许，魏某成在丈量到第四块玻璃时不慎踩空，坠落至下方坡道，头部出血。现场人员随后将其送至医院，魏某成经过抢救无效于13时死亡。

（3）事故原因分析

1）直接原因。魏某成在玻璃顶棚高处作业时未系安全带（绳），不慎失足踩空，导致高处坠落事故发生。

2）间接原因如下：

①经营部对安装班组作业人员高处作业人员未完成安全教育培训和安全技术交底。

②经营部安全网设置不规范。

③经营部安全管理不严，未落实安全生产责任制。现场管理人员随意雇用未经安全教育培训的临时作业人员，这是本起事故发生的重要原因。

④建设公司作为该项目的总承包单位，项目部管理人员在发现经营部作业人员存在事故隐患后，虽采取了措施，但事故隐患仍然没有彻底消除。

综上所述，该起事故是经营部安全管理不落实、施工作业人员安全意识淡薄、建设公司安全管理不到位而造成的一起生产安全责任事故。

（4）事故教训和整改措施

1）经营部应深刻吸取事故教训，建立健全安全生产规章制度和责任制，确保各级各类人员充分履行安全岗位职责；要针对工程实际和施工特点，强化高处作业的人员组织，并严格落实安全教育培训和安全技术交底等工作，确保安全生产。

2）建设公司应深刻吸取事故教训，进一步健全安全生产责任制，增强各级各类人员履职意识；要加强对承建工程的安全检查和值班制度的落实；要严格外协施工单位的现场管理。

3）某新城集团作为建设单位，应认真吸取事故教训，切实加强对施工单位的协调管理，督促施工单位严格落实安全生产主体责任，认真开展事故隐患排查治理工作，及时帮助指导施工单位整改存在的事故隐患，督促监理单位履职尽职，确保安全生产。

（5）相关知识与管理借鉴

这起事故的发生，主要原因是作业人员麻痹大意、忽视安全。发生事故的是经营部玻璃制作人员，严格地讲，此人还不是建筑施工人员，之所以发生事故，是在玻璃顶棚丈量尺寸，由于缺乏安全意识，没有系安全带，结果不慎失足踩空，导致高处坠落。

为了防止高处坠落，操作人员在进行高处作业时，必须使用安全带。在安全带的使用和维护上有以下几点要求：

1）思想上必须重视安全带的作用。无数事例证明，安全带是“救命带”。可是有少数人觉得系安全带麻烦，上下行走不方便，特别是一些小活、临时活，认为“有系安全带的时间，活都干完了”。殊不知，事故发生就在一瞬间，所以高处作业必须按规定要求系好安全带。

2）安全带使用前应检查绳带有无变质，卡环是否有裂纹，卡簧弹跳性是否良好。

3）高处作业如安全带无固定挂处，应采用适当强度的钢丝绳或采取其他方法。禁止把安全带挂在会移动或带尖锐棱角或不牢固的物件上。

4）高挂低用。将安全带挂在高处，人在下面工作就叫高挂低用，这是一种比较安全合理的科学系挂方法，它可以使坠落发生时的实际冲击距离减小。与之相反的是低挂高用，即安全带拴挂在低处，而人在上面作业，这是一种很不安全的系挂方法，因为当坠落发生时，实际冲击的距离会加大，人和绳都要受到较大的冲击负荷。所以，安全带必须高挂低用，杜绝低挂高用。

5）安全带要拴挂在牢固的构件或物体上，防止摆动或碰撞，绳子不能打结使用，钩子要挂在连接环上。

6）安全带绳保护套要保持完好，以防绳被磨损。若发现保护套损坏或脱落，必须加上新套后再使用。

7）安全带严禁擅自接长使用。如果使用 3 米及 3 米以上的长绳时，必须要加缓冲器，各部件不得任意拆除。

8）安全带在使用前要检查各部位是否完好无损。在使用后也要注意维护和保管。要经常检查安全带缝制部分和挂钩部分，必须详细检查捻线是否发生裂断和残损等。

9）安全带不使用时要妥善保管，不可接触高温、明火、强酸、强碱或尖锐物体，不要存放在潮湿的仓库中保管。

10）安全带在使用 2 年后应抽验一次，频繁使用应经常进行外观检查，发现异常必须立即更换。定期或抽样试验用过的安全带，不准再继续使用。

## 12. 不听劝告翻越护栏冒险作业高处坠落事故

2017 年 3 月 14 日 9 时 30 分许，江苏省徐州市泉山区荣盛花语城一期在建工地发生一起高处坠落事故，导致 1 名工人死亡，直接经济损失约 75 万元。

（1）项目基本情况

徐州市泉山区荣盛花语城位于三环南路与长安路交会处，北邻地铁 2 号线，多条公交路线交会。该项目的建设单位为某置业有限公司。该置业有限公司成立于 2014 年 11 月，从事房地产开发经营。某建设集团有限公司（土建施工承包单位）成立于 2003 年 6 月，经营范围：房屋建筑工程施工总承包（一级）、市政公用工程施工总承包

(一级)、建筑装修装饰工程专业承包（一级）等。某建筑装饰工程有限公司（外墙保温施工单位）成立于 2011 年 3 月，经营范围：室内外装饰工程设计、施工；建筑材料销售；建筑工程用机械租赁、销售。

（2）事故经过和救援情况

2017 年 3 月 14 日 8 时 30 分许，某建筑装饰工程有限公司工人王某芝和夏某氏到荣盛花语城一期 3 号楼工地，一起从 1 单元 28 层开始向下清理外墙保温施工的废弃边角料，并将废料通过东边施工电梯运送到一楼。

9 时 30 分许，清理到 1 单元 11 层消防连廊东段时，夏某氏不听从王某芝的劝告，翻过 11 层消防连廊钢管护栏，站到消防连廊和对面室外空调板中间的架空胶合板上，去清理 1102 室外空调板上保温材料的废弃边角料，并将其递交给王某芝。夏某氏在清理空调板上的杂物时，不慎从 11 层坠落到 1 层地面。

事故发生后，现场负责人报告并同时拨打“120”急救电话。救护人员赶到后，经医护人员检查，夏某氏已无生命体征。

（3）事故原因分析

1）直接原因。夏某氏安全意识淡薄，未能预见危险存在，不听从他人劝告，翻越护栏冒险作业，导致事故发生。

2）间接原因如下：

①建筑装饰工程有限公司承接荣盛花语城一期 3 号楼外墙保温工程，对作业现场安全管理不到位，未对进场施工人员进行安全教育培训，未进行书面安全技术交底，致使工人安全防护意识淡薄，是造成这起事故的间接原因之一。

②监理公司未认真履行项目安全生产监理职责，未在监理规划或监理细则中明确安全监理责任；未对外墙保温工程施工合同及施工安

全生产保证体系进行审查；未及时对进场的施工单位资质及人员资格和岗前教育培训情况进行督查。

③置业有限公司未依法履行安全管理职责，对施工单位资格审查不严，对施工单位工人岗前教育培训和安全技术交底监督不到位。

（4）事故教训和整改措施

这起事故是因安全管理不到位，安全教育培训不到位，监理不到位，工人安全防范意识淡薄、违章冒险高处作业造成的生产安全责任事故。

1）荣盛花语城项目部应组织各施工单位深刻吸取此次事故的教训，进一步健全安全生产责任制，加强对施工人员进行安全教育，深入开展安全生产事故隐患大排查，并立即落实整改。

2）置业有限公司要总结此次事故经验教训，严格遵守《安全生产法》《建设工程安全生产管理条例》等法律法规的规定，依法进行工程发包；加强施工现场安全管理，加大检查、巡查管理力度，确保各在建项目安全生产。

3）监理公司应督促各监理部依照规定制定安全监理规划和细则，履行安全监理职责。监理单位应督促施工企业采取各种措施做好岗前教育培训和安全交底，加强施工现场的安全监督，将事故隐患消除在萌芽状态。

4）建设主管部门要深刻吸取事故教训，按照“三个必须”（管行业必须管安全、管业务必须管安全、管生产经营必须管安全）的原则，认真履行部门行业监管职责，树立“红线”意识，在全区范围内开展建筑领域安全生产大检查，认真做好生产安全事故隐患“大排查，大整治”，加强施工过程中的安全监管，按照“打非治违”的要求严厉打击非法分包转包和违章指挥、违章作业等违法行为。

（5）相关知识与管理借鉴

事故发生在荣盛花语城一期 3 号楼 1 单元 11 层消防连廊东段至 1102 室外空调板中间处，消防连廊东西架设有钢管防护栏。夏某氏在施工期间未经安全教育培训，安全防护意识淡薄，在他人提示作业场地存在事故隐患的情况下，不听劝告，仍然翻越护栏冒险作业，结果发生事故。

建筑施工企业农民工很多，必须要加强安全培训教育，提高安全意识，加强自我保护能力，杜绝违章作业。安全生产教育培训是实现安全生产的重要基础工作。企业要完善内部教育培训制度，通过对职工进行三级安全教育、定期培训，开展班组班前活动，利用黑板报、宣传栏、事故案例剖析等多种形式，加强对一线作业人员，尤其是农民工的安全教育培训，增强安全意识，掌握安全知识，提高职工搞好安全生产的自觉性、积极性和创造性，使各项安全生产规章制度得以贯彻执行。

## 二、物体打击伤害事故

物体打击是指由失控物体的惯性造成的人身伤亡事故。在建筑施工中，物体打击主要指落下物、飞来物、滚石、崩块等造成的伤害，不包括因爆炸引起的物体打击。物体打击伤害在建筑施工中属于常见多发事故。

从大量物体打击事故来看，造成物体打击事故不断发生的主要原因如下：

一是施工现场管理混乱。这包括施工现场不按规定堆放材料、构件，不按规定放置机械设备；施工现场环境脏乱差，管理不善；由于多支施工队伍同时交叉作业，造成作业时的不安全；有的施工现场临边洞口无防护或防护不严密；有的作业人员无劳动防护用品或劳动防护用品不全、使用不正确等。

二是安全管理不到位。按照相关规定要求，施工作业场所有坠落可能的物件，应一律先行拆除或加以固定；拆卸下的物体及余料不得任意乱置或向下丢弃；钢模板、脚手架等拆除时，下方不得有其他操作人员等。规定虽然明确，但是实际作业中存在违章现象，安全管理停留在表面，未能实际落实，因而发生事故。

三是机械设备本质不安全。由于建筑施工主要是露天作业，长期的风吹雨打，造成机械设备的不安全，如有的起重机械制动失灵，钢丝绳、销轴、吊钩断裂，连接松脱，滑轮破损、出轨等；有的起吊物体时绑扎不牢、外溢；有的采用的索具、索绳不符合安全规范的技术要求，从而埋下安全事故隐患。

四是施工人员违章操作或者误操作，这是造成物体打击事故的重要因素。安全教育不够，安全管理和安全防护措施不到位，施工人员在作业中由于人为操作不慎，致使零部件、工具、材料从高处坠落伤人；施工人员由于违章操作向下抛扔物件伤人。

值得注意的是，物体打击事故的发生具有一定的偶然性，容易被人们所忽视，尤其容易被企业管理者所忽视，以至于这类事故在技术措施的防范上较弱。此外，由于近年来建筑施工中大量机械设备的使用，机械设备、作业车辆引发的物体打击事故迅速增多，对此在安全管理上需要采取相应的措施加以防范。

### 1. 架子工安全意识不强违规交叉作业高空坠物事故

2017 年 12 月 23 日 15 时 10 分许，江苏省徐州市荣盛麓山荣郡项目 17 号楼工人在拆除外挑钢管脚手架时，发生一起高空坠物事故，造成 1 名工人受伤，经抢救无效死亡。

（1）项目基本情况

荣盛麓山荣郡项目建设单位为某房地产开发有限公司，施工单位为某建设集团有限公司，塑钢门窗安装工程施工单位为某门窗装饰有限公司，上述单位之间均签订了相应的发（承）包合同。

建设集团有限公司与门窗装饰有限公司，就荣盛麓山荣郡 B2—14 号至 B2—19 号楼门窗签订了协议，同时还协议约定了各自的安全生产职责。

门窗装饰有限公司承揽工程后，违规将荣盛麓山荣郡 17 号、18 号、19 号楼门窗安装工程转包给无任何资质的个人孔某皎，而且也没有对孔某皎进行高处作业吊篮操作培训，对人员私自使用高空作业吊篮未加以制止。

（2）事故经过和救援情况

2017 年 12 月 23 日，建设集团有限公司施工主管雷某文安排架子工朱某浩下午去拆除麓山荣郡一期工程 17 号楼的外挑钢管脚手架，并安排一名小工协助拆除。

朱某浩于 13 时开始拆除外挑钢管脚手架，当拆到 17 号楼 26 层时，发现 26 层下方有人（孔某皎）在使用高处作业吊篮，随即告知孔某皎上面在拆架子，并提醒他要注意安全，然后继续拆除 26 层的外挑脚手架。墙外脚手架拆完后，朱某浩进屋拆除屋里的外架固定横杆。

14 时 25 分左右，朱某浩抽动横杆时，听到有人喊叫，立即通过窗户向下看，发现下方有人被自己拆除的钢管砸伤，趴在高处作业吊篮里，便立即赶往吊篮所在楼层（13 楼），看到伤者正在通过窗户往屋里爬，就协助受伤人员一起进入室内。朱某浩立即打电话给班组长曹某军，曹某军电话通知相关人员赶往现场，同时拨打“120”急救电话。14 时 40 分许，“120”赶到事故现场后，立即将伤者送往矿山医院救治，16 时 50 分许，伤者孔某皎因抢救无效死亡。

（3）事故原因分析

1）直接原因。架子工朱某浩无特种作业资格证上岗，安全意识不强，违规交叉作业，是该起事故发生的直接原因。

2）间接原因如下：

①门窗装饰有限公司违规将门窗安装工程转包给无资质的个人，安全培训不到位，安全管理人员无故脱岗。

②孔某皎违规承揽门窗安装工程，未经高空作业吊篮操作培训，私自使用吊篮作业。

③房地产开发有限公司对监理单位、施工单位安全监督不到位。

④监理公司安全监管不到位，安全巡查不到位。

（4）事故教训和整改措施

这是一起安全管理不到位、教育培训不到位，从业人员安全意识淡薄、违规交叉作业造成的一般生产安全责任事故。

1）建设单位要认真吸取这起事故的教训，严禁违规分包工程，加大对相关单位的安全监督与检查，督促有关单位落实事故隐患排查治理制度。

2）施工企业要深刻吸取事故教训，举一反三，切实履行企业主体责任，落实安全教育培训制度，全面提高从业人员的安全意识；依法依规履行总包单位的职责，督促相关人员履行安全管理职责，加强同一区域内作业的单位之间的协调，禁止违规交叉作业；强化雇用人员的资格审查，落实特种作业人员持证上岗制度，坚决杜绝雇用无资质人员从事特种作业，防止类似事故发生。

3）装修企业要深刻吸取事故教训，严禁违规承揽、转包工程。依法取得的工程项目，要指定专职安全管理人员，加大对施工现场的安全检查力度，并加强与总包单位的协调，落实安全防范措施，遵守安全操作规程，防止类似事故发生。

4）监理单位要认真吸取事故教训，严格履行监理职责，现场监理全程跟班作业，特别是要加强两个以上施工单位作业时的安全监管工作，及时掌握所有施工单位的施工内容，督促相关单位严格按施工方案施工，并制定有效安全防范措施，确保安全生产。

（5）相关知识与管理借鉴

这起高空坠物伤亡事故教训深刻，1 人在事故中丧失生命。从这起事故可以看出，相关企业落实有关法律法规还有差距，安全管理人员履职尽责还不到位，建筑工程违规发包工程情况依然存在，施工过程中违规交叉作业、特种作业人员无证上岗、从业人员违章作业等问题屡禁不止。为防止类似事故发生，相关单位要落实企业主体责任，认真贯彻执行有关法律法规，强化施工现场安全管理，及时排查治理事故隐患。

对施工企业来讲，如果发现存在交叉作业时，施工企业应该及时与对方联系协商，特别是施工现场的安全管理人员，不能仅仅只是口头告知或叮嘱双方注意安全，这样往往对存在的事故隐患无济于事，事故仍然可能发生。比较妥当的做法，是通过协商避免交叉作业，或者采取有效的措施避免发生伤害。

## 2. 未能及时发现和消除水泥土块脱落物体打击事故

2014 年 7 月 9 日 18 时许，江苏省徐州市和信广场发生一起物体打击事故，造成 1 人死亡，直接经济损失约 120 万元。

（1）项目基本情况

某置业有限公司为徐州市和信广场基坑支护工程建设单位，某基础工程总公司为施工单位，某项目管理有限公司为工程监理单位。2012 年 12 月，基础工程总公司与置业有限公司就徐州市和信广场基坑支护及支护体系工程达成一致，于 2012 年 12 月签订工程合同，该工程于 2013 年 1 月开始施工，并于 2014 年 3 月基本完工。因基坑工程需配合其他施工，基础工程总公司遂留有 8 人配合建设方检测维修，防止工程漏水。

（2）事故经过和救援情况

2014 年 7 月 9 日 18 时，基础工程总公司徐州和信广场基坑支护工程项目部经理栾某林、技术负责人晋某明、技术员王某在基坑内查看基坑内支撑梁加固情况。

18 时 20 分左右，晋某明独自一人到土方开挖坡脚查看支护渗漏情况时，在第二道围檩上 3 根钻孔灌注桩上黏附的高压旋喷桩水泥土块突然脱落，晋某明被脱落的水泥土打击到腰部，卧倒在基坑里。事故发生后，项目部立即将晋某明送到附近医院进行抢救，伤者经医院抢救无效死亡。

（3）事故原因分析

1）直接原因。基础工程总公司在工程正在进行，尚未完工的情况下，未能及时发现和消除水泥土块可能脱落的事故隐患，是造成该起事故发生的直接原因。

2）间接原因如下：

①监理单位未及时组织基坑支护单位和土方开挖单位进行安全生产检查，未及时发现和消除事故隐患，是造成该起事故发生的间接原因之一。

②建设单位将基坑支护项目分包给 2 个单位，未按规定签订安全管理协议，明确双方的安全管理职责，是造成该起事故发生的间接原因之一。

（4）事故教训和整改措施

这是一起管理不到位，未能及时排查和消除事故隐患，冒险施工所造成的生产安全责任事故。这起事故暴露出事故单位对施工现场安全管理不到位，施工人员安全教育培训不到位、违反操作规程作业、安全意识淡薄等问题。

为吸取事故教训，防止类似事故发生，事故单位要认真贯彻执行有关法律法规、作业标准和操作规程，加强施工人员安全教育培训，强化施工人员安全意识，加强施工现场安全管理，加强事故隐患排查，落实整改措施，及时消除事故隐患，防止事故再次发生。

（5）相关知识与管理借鉴

这起事故的发生十分意外，作业人员在查看支护渗漏情况时，被突然脱落的高压旋喷桩水泥土块砸伤，经抢救无效死亡。

事故发生之后，调查组进行了细致的调查。调查发现，灌注桩内侧高压旋喷桩水泥土搅拌土体已在土方开挖时基本被挖除并外运出去，该区段只剩下三四根灌注桩上有附着的水泥土。水泥土脱落的原因，经专家组分析认为是由基坑变形引起。变形的主要原因：一是基坑内有 2 根抛撑断裂，可能加剧基坑的变形及水泥土块的松动。二是车辆、机械设备的运行震动可能引起基坑变形。基坑内有挖土机械在倒运土方，在抛撑上来回走动，对支护结构产生影响，特别是开挖该区段相邻的南北两侧水泥土时，对该区段水泥土块有扰动。基坑顶部紧邻复兴北路，是市区交通要道，车水马龙，对基坑有长期震动影响。三是基坑开挖后工程搁置时间太长，建设单位没有及时组织施工，致使基坑支护结构长期暴露在外，易造成水泥土块松动。

预防此类事故，需要加强施工现场的安全管理，注意吸取同类事故教训，加强事故隐患排查，及时消除事故隐患。

## 3. 拆除脚手架直接将钢管抛掷地面物体打击事故

2014 年 1 月 5 日 12 时 20 分左右，在江苏省泰州市泰州医药城安置区二期工地，某建设工程有限公司在拆除脚手架过程中发生一起物体打击事故，造成 1 人死亡，直接经济损失约 100 万元。

（1）项目基本情况

泰州医药城安置区为医药高新区拆迁安置房，位于寺巷街道人民路北侧，由某建设发展有限公司自筹资金开发，工程分两期建设。

2010 年 3 月 27 日，建设发展有限公司委托某监理公司对工程实施监理。2011 年 8 月，建设发展有限公司通过议标的方式将泰州医药城安置区二期工程发包给某建设工程有限公司施工，共建造 30 幢多层住宅楼，总施工面积 82 238.64 平方米，双方签订了建设工程施工合同。2012 年 7 月，某建设工程有限公司完成 1~9 号、13 号、18 号、23 号、27 号、31 号楼建设并交付使用。2013 年 3 月 20 日，某建设工程有限公司将未建的 19 号、24 号楼土建工程分包给武某华个人，双方签订了施工合同。2013 年 7 月 2 日，武某华将 19 号、24 号楼钢管脚手架搭设工程分包给沈某扣个人，双方签订了施工合同。至事故发生时，武某华已完成 19 号、24 号楼土建施工，开始拆除 19 号、24 号楼脚手架。

（2）事故经过和救援情况

2014 年 1 月 4 日下午，某建设工程有限公司项目部及监理公司监理部根据武某华提交的脚手架、安全防护设施临时拆除申请表及脚手架拆除施工方案，组织人员对 19 号、24 号楼施工现场进行安全检查。经检查，某建设工程有限公司项目部同意武某华于 2014 年 1 月 5 日拆除脚手架，但由于 19 号楼外墙面有污点，监理公司监理部未在监理工程师通知回复单上签字同意 19 号、24 号楼拆除脚手架。

2014 年 1 月 4 日下午，殷某对武某华的儿子武某阳（施工现场负责人）就 19 号、24 号楼脚手架拆除作业进行安全技术交底，要求“拆下来的钢管扣件等整齐置放于楼层内，严禁抛掷，由施工电梯集中运至地面”，双方在“技术、质量、安全交底记录”上签字。脚手架拆除作业前，殷某未对脚手架拆除负责人沈某扣及施工人员进行安全技术交底。

2014 年 1 月 5 日 7 时 30 分左右，沈某扣组织施工人员开始拆除 19 号楼脚手架。按照分工，夏某荣等人拆除脚手架，沈某粉等人在地面整理拆除的钢管、扣件等。因 19 号楼无施工电梯，沈某扣要求施工人员在低于 5 层楼面时，将拆除的钢管、扣件抛至地面。施工人员从 19 号楼 5 层楼面北侧开始由西向东拆除脚手架，将拆除的钢管、扣件等直接抛至地面。在脚手架拆除过程中，沈某扣等人一直在现场监护，某建设工程有限公司专职安全员殷某对现场进行了巡查，监理公司土建专业监理沈某民对现场进行了巡视，3 人均未制止施工人员违章作业行为。11 时 20 分左右，施工人员休息，脚手架已拆除到 19 号楼 5 层楼面南侧中间位置。

12 时 10 分左右，夏某荣 1 人来到 19 号楼 5 层楼面南侧中间位置继续拆除脚手架，沈某粉在 19 号楼南侧地面整理拆除的钢管、扣件，当时现场无人监护。12 时 20 分左右，沈某粉被夏某荣扔下的 1 根长 1. 2 米、直径 0. 06 米的脚手架钢管砸中头部，躺在 19 号楼南侧地面。

事故发生后，武某华立即拨打了“120”急救电话，并及时向泰州经济开发区企业服务中心上报事故情况。当日 14 时左右，沈某粉经医院抢救无效死亡。

（3）事故原因分析

1）直接原因。沈某扣指挥施工人员违章作业，架子工夏某荣在现场无监护人员、作业下方有人在场的情况下，直接将拆除的脚手架钢管抛至地面，导致钢管砸中下方作业人员。

2）间接原因如下：

①某建设工程有限公司违法将 19 号、24 号楼土建工程分包给不具备相关资质的武某华个人，武某华违法又将 19 号、24 号楼脚手架施工分包给不具备相关资质的沈某扣个人。

②监理公司未对 19 号、24 号楼土建、脚手架施工单位的资质进行审查，未能发现并制止违法分包行为。

③某建设工程有限公司未对进场施工人员进行安全生产教育培训。作业前，某建设工程有限公司未对脚手架拆除负责人及施工人员进行技术交底。

④某建设工程有限公司项目经理未根据施工现场无施工电梯的实际情况，制定可操作的脚手架安全施工措施。殷某在巡查中，未制止施工人员的违章行为。

⑤监理公司土建专业监理沈某民在现场巡视时，发现沈某扣在未经监理部同意的情况下仍组织拆除脚手架，默认施工方作业，未制止施工人员的违章作业行为。

（4）事故教训和整改措施

调查组经过对事故原因的调查分析，认定这是一起违章指挥、违章作业而导致的生产安全责任事故。

1）某建设工程有限公司应从这起事故中吸取深刻的教训，严格按照相关法律法规的规定，杜绝将施工项目分包给不具备资质的单位或个人；应建立严格的安全生产责任制，确保相关岗位人员切实履行安全管理职责；应加强施工人员的安全生产教育培训，强化施工人员安全生产意识，严格审核特殊岗位施工人员的资质证书；建设工程施工前，组织制定符合实际的安全施工措施，应当将有关安全施工的技术要求向施工作业班组、作业人员作出详细说明，并由双方签字确认；加强作业现场的安全检查及监护力度，对检查中发现的事故隐患，要求立即停工整改，待整改复查后才可恢复施工，对检查中发现违章指挥、违章操作的，应当立即制止，彻底消除施工安全事故隐患，确保安全生产。

2）监理公司应从这起事故中吸取深刻的教训，严格按照相关法律法规的规定，切实履行监理职责，发现施工现场存在安全事故隐患的，应当要求施工单位整改；情况严重的，应当要求施工单位暂时停止施工，并及时报告建设单位。

3）医药高新区建设主管部门应切实履行辖区内建设工程安全生产监督管理职责。应加强对建筑市场的监管，规范建设单位招投标行为；应督促施工单位严格遵守安全生产法律法规，加强安全管理，禁止非法转包、分包行为；应加强在建工程施工现场检查，督促施工单位及时消除安全事故隐患。

（5）相关知识与管理借鉴

这起事故属于比较典型的违章作业事故。架子工在现场无监护人员、作业下方有人在场的情况下，直接将拆除的脚手架钢管抛至地面，导致钢管砸中作业下方人员。

在这起事故中，施工现场安全管理不严，架子工在拆除脚手架时将钢管抛至地面，这是严重的违章行为。

拆除脚手架的安全要求如下：

1）所有杆件和扣件应在拆除时分离，不准在杆件上附着扣件或两杆连着送至地面。

2）所有的脚手板，应自外向里竖立搬运，以防止脚手板和垃圾物从高处坠落伤人。

3）拆除的零配件要装入容器内，用塔吊吊下。拆下的钢管要绑扎牢靠，双点起吊，严禁从高空抛掷。

4）六级风以上（含6级）天气时停止拆除、移动脚手架施工。

5）架子拆除前，作业人员必须接受安全技术交底并签字。架子拆除过程中严禁交叉作业。拆除时应划出作业区，周围设绳绑围栏或设立警示标识，地面设专人围护，禁止非作业人员进入。

6）作业人员在现场必须戴好安全帽，穿好工作服、软底胶鞋，高处作业必须正确系安全带，严禁酒后进入施工现场。

之所以有这样严格细致的要求，就是预防钢管坠落砸伤人，造成物体打击事故。而在这起事故中，既没有设绳绑围栏或设立警示标识，地面未设专人围护，禁止非作业人员进入，作业人员也没有遵守规定，而是将钢管抛至地面。这样的违章行为，很可能导致事故发生。

## 4. 违规使用麻绳起吊管材坠落物体打击事故

2014 年 5 月 1 日 20 时 30 分左右，由某公共安全工程有限公司（以下简称公共安全公司）承建的河北省人防 2011 工程消防系统工程设备采购及安装项目，在安装消防管道过程中，发生管材坠落事故，造成 1 人死亡，直接经济损失约 90 万元。

（1）项目基本情况

河北省人防 2011 工程总建筑面积 44 307. 9 平方米，由基础、主体、通风、园林绿化、消防等工程组成，平时功能为商业运营和复式车库，当时主体施工已完毕，正在安装消防系统配套设备。该阶段工程为地下一层单建式人防工程，2014 年 2 月 10 日，由河北省人民防空办公室发包给公共安全公司，施工范围包括消防系统中的火灾报警系统、消防喷淋系统、消火栓系统、泵房系统、气体灭火系统、漏电报警系统的设备材料采购、安装、消防联动控制、调试等工作。

（2）事故经过和救援情况

2014 年 5 月 1 日 7 时 30 分始，公共安全公司管道安装班班长张某生带领孔某冲、金某霍、金某闯、付某雄 4 名工人，到河北省人防 2011 工程地下一层第 7 防火分区（J 轴至 K 轴/24 轴至 25 轴）进行消防系统管道安装施工。18 时 50 分左右，现场只剩下 1 根消防管材没有安装，班长张某生将剩余工作交给其余 4 人后离开施工现场。

20 时 30 分左右，孔某冲、金某霍、金某闯、付某雄 4 人用直径约 25 毫米的麻绳向上吊装长 6 米的 DN200 镀锌钢管，层顶安装的 2 个定滑轮间距约 4 米，吊装高度 3.6 米，管材东西两侧使用两个 3.2 米高移动式简易脚手架辅助作业，管材在地面上呈东西方向放置，捆绑点距两端管口 0.7 米。孔某冲、金某霍、金某闯 3 人站在管材西侧下方偏南位置，通过定滑轮用麻绳向上拉管材，付某雄站在管材东侧看扶。当管材提升至距地面约 3.4 米，距吊架约 0.2 米时，西侧端 3 名工人开始向东移动脚手架准备临时斜靠支撑管材，此时麻绳突然折断，导致管材瞬时坠落，站在东侧下端的付某雄因躲闪不及，被砸中头部及身体偏右侧，西侧 3 人未伤及。

事故发生后，现场人员立即上前施救，随即拨打“120”急救电话请求救助，并立即向工地管理人员电话报告了情况。几分钟后，医护人员赶到现场，经查确认付某雄已经死亡。

（3）事故原因分析

1）直接原因。施工现场违反安全生产要求，管道安装未采用倒链起吊管材，而使用麻绳起吊，致使麻绳被拉断，导致钢管坠落，将站在管道下方的工人付某雄砸伤致死。

2）间接原因如下：

①工程项目部在施工过程中未设专人监护，没有进行有效监督，未按照消防管道安装规范及该工程制定的消防水系统施工方案中的要求施工（方案规定：喷洒干管用法兰连接，每根配管长度不宜超过 6 米，直管段可把几根连接在一起，使用倒链安装，但不宜过长。也可调直后，编号依次顺序吊装，吊装时，应先吊起管道一端，待稳定后再吊起另一端）。施工单位在管道吊运安装过程中未进行专项验收，检查不到位，致使危险性较大的管道吊装作业现场失管失控。

②工程项目部在管道吊装施工方案未经监理方审核验收通过的情况下，擅自组织管道吊装作业，且未按规定对现场作业人员进行有效

的安全技术交底，为赶施工进度不通知现场监理人员就擅自组织加班作业，导致作业现场失去监护。

③工程项目部未按规定对管道吊装作业人员进行三级安全教育培训，工人未经专项技能操作培训就上岗作业，不具备安全操作技能，加之安全意识淡薄，导致事故发生。

（4）事故教训和整改措施

这是一起因安全管理不到位，作业人员违反管道设备吊装操作规程及相关规范标准而引发的生产安全责任事故。

1）工程项目部要认真吸取事故教训，严格落实企业安全生产主体责任，建立完善安全管理机构体系，树立“以人为本、安全第一”的理念，切实做到安全工作与施工作业同部署、同落实。

2）工程项目部要加强对作业人员的安全教育和培训，尤其对具体操作人员要扎实开展安全生产法律法规以及国家标准和行业标准的教育培训，认真落实公司、项目、班组三级安全培训制度，使全体职工进一步熟悉安全生产法律法规和规章制度，掌握安全操作规程和技能，提高安全防范意识，切实做到未经安全培训考核合格的不得上岗作业。要进一步强化危险性较大的吊装作业的安全管理，严格条件确认、资质审核和现场管控，杜绝“三违”现象，确保施工作业安全。

3）公共安全公司要进一步修订完善安全生产“三项制度”，要把各项制度和操作规程真正落实到作业现场，切实加强对生产过程的安全管理，确保施工作业符合国家规定。作业前要认真开展技术交底，作业过程中要加强过程管控，尤其对吊装等较大危险作业要编制施工方案，加强巡检力度，坚决杜绝违规操作。

4）公共安全公司要加强对现场施工的组织领导，明确责任分工，要配备具有相应资格的安全管理人员对吊装作业现场实施监控，要制定科学完善、安全可靠的施工方案，抓好施工作业的组织管理、统筹协调和安全监管，确保各级安全管理人员履职到位，确保现场作业安全。

（5）相关知识与管理借鉴

预防物体打击事故，需要做好危险作业的安全管理。例如，对于吊装作业，要严禁作业人员在机械回转半径内及起吊物移动范围内的下部逗留或作业。如果是在被提升、悬挂或垫起至一定高度的机械设备或其他结构物下部进行检修或其他作业时，必须确保起吊设备的安全，就位后，必须将机体或物体支撑牢固后方可进行作业。

## 5. 吊装作业吊钩脱离导致钢筋笼坠落物体打击事故

2015 年 3 月 29 日 20 时 40 分左右，厦门某建筑工程有限公司（以下简称厦门建筑公司）在中铁十二局郑徐高铁徐州枢纽项目工地发生一起物体打击事故，造成 1 人死亡，直接经济损失约 80 万元。

（1）项目基本情况

厦门建筑公司为徐州至大湖下行联络线特大桥郑徐高铁徐州枢纽项目工地桥梁钻孔桩钢筋笼工程施工单位。2014 年 3 月，项目部与厦门建筑公司就郑徐高铁徐州枢纽项目桥梁钻孔桩钢筋笼制作、运输、安装施工提供劳务作业签订了工程合同。

（2）事故经过和救援情况

2015 年 3 月 29 日 20 时左右，厦门建筑公司余某富安排韩某河和工友李某香、货车司机张某、汽车吊司机张某威 4 人将钢筋笼（长 9 米，直径约 80 厘米）从钢筋加工厂用货车装运到郑徐高铁徐州枢纽项目工地现场。20 时 40 分左右，汽车吊司机张某威在吊卸钢筋笼，韩某河和李某香 2 名钢筋工作业人员在调整吊挂钢筋笼方向时，吊挂钢筋笼一侧的简易吊钩突然脱离，钢筋笼一头掉下将韩某河砸伤。

事故发生后，现场项目部技术员曹某有立即拨打“120”急救电话，并将伤者韩某河送至附近九七医院进行抢救，伤者经医院抢救无效于2015年3月29日22时左右死亡。

（3）事故原因分析

1）直接原因。汽车吊司机操作不当，快速提升钢筋笼，致使钢筋笼碰到打桩机造成摆动，并且作业人员在进行起重吊装作业时使用不符合标准的吊钩，吊钩脱离，钢筋笼一端掉下砸中下方用手推动钢筋笼来控制方向的工人头颈部，是导致事故发生的直接原因。

2）间接原因如下：

①作业人员使用不符合标准要求的吊钩，管理人员未对使用吊索具进行安全检查即投入使用。

②吊装作业时，施工现场没有安全管理人员进行现场监督，司索工和信号工无上岗证。

③事发现场作业场地周围有障碍物（2台桩机），作业时间为晚间，现场没有充足的照明。

（4）事故教训和整改措施

这是一起安全管理不到位，未能及时排查和消除事故隐患，作业人员违章作业所造成的生产安全责任事故。

这起事故暴露出事故单位对施工现场安全管理不到位，施工人员安全教育培训不到位、违反操作规程作业、安全意识淡薄等问题。

为吸取事故教训，防止类似事故发生，事故单位要认真贯彻执行有关法律法规、作业标准和操作规程，加强施工人员安全教育培训，强化施工人员安全意识，加强施工现场安全管理，加强事故隐患排查，落实整改措施，及时消除事故隐患，防止事故的发生。

（5）相关知识与管理借鉴

这起事故发生后，事故调查组对简易吊钩和作业现场进行了仔细的检查。

事发现场吊索上用的简易吊钩，是用直径约12毫米的钢筋自制的“S”形钩；作业场地有2台桩机，照明不良；作业人员在现场作业时未戴安全帽；事故调查专家组去现场时只有一台桩机。汽车吊属于特种设备，但出租方朱某未能提供现场汽车吊定期检验报告，汽车吊司机没有特种设备操作上岗证。

作业人员使用不符合标准要求的吊钩（自制、无防钢丝绳脱钩保护装置），未戴安全帽，这是违规行为。作业人员吊装钢筋笼这种长构件时未采用栓溜绳来控制方向，而是采用手推钢筋笼来控制方向，这样做不仅危险，而且控制方向的效果也不好。

从这起事故暴露出来的问题可以看出，建筑施工总包单位对下属施工队的安全意识、安全措施及安全制度实施的监督、检查力度不够；项目管理人员安全管理不力；现场操作人员安全防护意识、自我保护能力较差，存在违章作业、违章指挥现象，而且上班不戴安全帽，有令不行、有章不循。所吊物品为镀锌钢管，上午由王某用尼龙绳进行捆扎，因到了下班时间，就放在35层屋面上，也没有摘钩，下午起吊前未对所吊物品的捆扎、吊钩的保险弹簧灵敏度进行必要的检查，说明安全生产上有漏洞。

应采取的防范措施：一是需要加强对施工人员的安全教育和职业技能培训，特种作业人员必须持证上岗，增强施工人员自我保护能力和防范意识，严格执行各项规章制度，严禁违章操作。二是对塔吊司机和塔吊指挥人员建立完善的管理制度，制订定期检查保养的维护措施计划，并按要求做好交接班、设备维修等记录。三是对违章操作加大处罚力度，加强对施工现场的安全管理。

## 6. 运货车辆玻璃没有捆绑固定盲目倒车物体打击事故

2016 年 11 月 14 日 11 时 25 分左右，某玻璃科技有限公司（以下简称玻璃公司）在某商业金融用房项目工地卸载玻璃过程中，发生一起物体打击事故，造成 1 人死亡，直接经济损失 75 万元。

（1）项目基本情况

商业金融用房项目工地位于浙江省杭州市下沙区文渊路和德胜路交叉口西南侧，建设单位为杭州某置业有限公司，施工单位为杭州某建筑公司（以下简称建筑公司）。该项目工程建筑面积约 12.3 万平方米，于 2014 年 7 月 17 日开工，工期为 900 天。事故发生时，工程处于收尾阶段，已完成场区道路硬化，道路窨井采用临时窨井盖覆盖防护，房屋门窗玻璃正在安装中。2016 年 11 月 12 日，建筑公司从玻璃公司购买总价格约为 1.7 万元的钢化玻璃，共 118 片，重约 5 吨，总面积为 202 平方米。双方约定于 11 月 14 日送货上门，玻璃公司使用核载量为 1 735 千克的轻型普通货车运送钢化玻璃。

（2）事故经过和救援情况

2016 年 11 月 14 日 10 时许，玻璃公司车间主任陈某安排汽车驾驶员王某金与装卸工滕某平运送钢化玻璃到建筑公司，王某金驾驶轻型普通货车，滕某平坐在驾驶室内，车厢内装载 118 片共 202 平方米、重约 5 吨的钢化玻璃（车上另载 4 组玻璃固定架约 400 千克）。

10 时 50 分左右，货车到达工地门口，建筑公司项目部装饰班班长朱某明在门口引导货车到达工地 G 楼和 F 楼通道处，准备停车卸货。11 时 10 分左右，驾驶员王某金与装卸工滕某平松开车厢内右侧前方钢化玻璃的固定绳，开始卸载钢化玻璃，此时朱某明离开现场。当卸下第 13 块钢化玻璃时，为了方便卸载，驾驶员王某金在货车右侧挡板没有关闭和车厢内钢化玻璃没有第二次捆绑固定的情况下，起动倒车，调整车辆位置，货车右后车轮压破临时窨井盖，车轮陷入窨井内，货车向右侧倾斜，车厢内的钢化玻璃瞬间失稳滑落，挤压在位于车厢右边前侧的滕某平身上。驾驶员王某金见状后，立即呼救，项目部启动应急救援预案组织施救，并将滕某平送往下沙邵逸夫医院抢救。滕某平终因伤势过重，于当日抢救无效死亡。

（3）事故原因分析

1）直接原因。玻璃公司在运货车辆车厢右侧挡板没有关闭，且车厢内钢化玻璃没有第二次捆绑固定的情况下，盲目倒车，导致车厢内钢化玻璃因货车后轮陷落失稳后滑落压伤作业人员。

2）间接原因如下：

①玻璃公司违反交通运输安全管理相关规定，货运车辆严重超载，使用核载量为 1 735 千克的轻型普通货车运送约 5.4 吨的钢化玻璃（包括四组玻璃固定架），致使滑落的钢化玻璃压在卸货员身上。

②建筑公司安全管理人员对钢化玻璃卸载地点的安全监管不到位，未对外来卸载作业人员进行安全技术交底，在作业途中离开现场。

（4）事故教训和整改措施

经调查认定，这起物体打击事故是一起生产安全责任事故。各相关单位应认真吸取事故教训，举一反三，查找问题，切实落实企业安全生产主体责任，加强安全生产检查，切实消除事故隐患。

1）玻璃公司要修订完善安全生产规章制度和安全生产责任制，认真落实道路交通运输安全管理和货物装卸等各项安全管理规定，杜绝货运车辆超载超速等违章违法行为，防止类似问题的再发生，确保安全生产；要强化员工安全教育，切实提高安全意识，严格按照安全生产法律、法规的要求，及时组织开展对各类作业人员的三级教育培训，尤其要加强交通运输安全规定和相关操作规程的教育培训，强化安全教育质量，进一步完善各类安全应急预案，定期组织货物装载作业意外事故等安全演练，不断提高员工的安全意识和安全保障能力。

2）建筑公司要建立健全生产安全事故隐患排查制度，定期组织开展安全生产检查，重点查找施工场区路面窨井安全防护设施情况，指定专人看护检查，切实把事故隐患消灭在萌芽状态。

（5）相关知识与管理借鉴

这起事故的发生，主要源于运货司机的麻痹大意，在车厢内钢化玻璃没有捆绑固定的情况下盲目倒车，导致车厢内钢化玻璃因货车后轮陷落失稳后滑落压伤作业人员。

预防物体打击事故的发生，对施工人员的安全教育十分重要，应提高管理人员和施工人员的安全意识，加强安全教育，防止因指挥和操作上的失误而造成各种伤害事故。安全教育包括：①对管理者的安全教育，安全工作的好坏，管理者是关键；②对新工人的三级安全教育；③对各工种，尤其是特种作业人员的技术安全培训和考核；④应采取多种形式经常性的安全教育等，不断提高施工人员遵章守纪的安全素质。

### 7. 运送模板拆除固定绑带导致倾覆物体打击事故

2017年7月12日9时40分左右，北京新机场高速公路建设项目工地内，某运输有限公司（以下简称运输公司）在组织工人进行模板卸车作业过程中，发生一起物体打击事故，造成2名工人死亡。

（1）项目基本情况

北京市新机场高速公路工程，北起南五环，南至北京新机场，道路全长27.2千米，设计速度100~120千米/时，为双向八车道高速公路。事故发生在该工程第一标段。该工程为北京市重点工程项目，于 2016 年 12 月 25 日开工，计划竣工日期为 2018 年 4 月。

该项目建设单位为某交通发展有限公司，总承包单位为某道桥建设集团有限公司（以下简称道桥建设公司），劳务单位为某建筑工程有限公司（以下简称建筑工程公司），模板供应单位为某模板有限公司，模板运输单位为运输公司。运输公司负责工程模板的运输和卸车，每次运输费用为 4 000 元，其中包含卸车费用。因带人卸车成本较高，运输公司于是协调施工项目劳务方组织人员和吊车进行模板卸车作业。

（2）事故经过和救援情况

2017 年 7 月 12 日 7 时许，装有模板的货车到达新机场高速一标段现场，劳务现场负责人严某海安排生产负责人王某辉带货车称重并要求其安排工人卸车。货车称重后，王某辉自行联系吊车，并安排钢筋班班组长赵某生找人卸车。随后赵某生将卸车作业安排给了钢筋组赵某松。之后，赵某松安排段某堆、关某军、柴某申 3 名工人，到货车位置负责配合吊车进行吊装作业。

9 时 40 分左右，货车司机将捆绑模板的钢丝绳解开，段某堆、关某军将固定 3 块墩柱模板两侧的金属绑带拆除后，爬到模板上方准备挂钩，模板失稳后突然发生侧滑，两人随之跌落，分别被 2 块模板砸压。

事故发生后，现场人员立即用吊车将模板拉起，分别将段某堆、关某军救出，同时拨打了“120”电话求救，“120”到场后，确认 2 人死亡。

（3）事故原因分析

1）直接原因。工人卸模板前，拆除了 3 块模板两侧用于固定模板的金属绑带，由于模板中心位置设有流水槽，使模板处于不稳定状态，工人爬到模板顶部后，造成模板受力失稳、倾斜、滑落、倾覆，是此次事故发生的直接原因。

2）间接原因如下：

①劳动组织不合理。运输公司针对现场模板吊装作业，未安排专门管理人员，造成作业现场安全管理缺失。劳务方相关管理人员未安排有相关能力的人员配合吊装作业，最终因现场施工人员盲目作业引发事故。

②施工安全管理不到位。总包方安全管理人员未针对现场模板卸车作业进行有针对性的检查，未能及时发现和消除作业现场存在的事故隐患问题。

③安全教育培训不到位。总包方未按要求对工人进行安全生产教育培训和考核，存在学时不足、走过场的情况，造成工人安全意识极其淡薄，不能认识到作业现场存在的事故隐患问题。

（4）事故教训和整改措施

根据国家有关法律法规的规定，事故调查组认定，该起事故是一起因劳动组织不合理、安全管理不到位引发的一般生产安全责任事故。事故调查组针对该起事故暴露出的问题，对相关单位提出如下整改建议措施：

1）运输公司要根据本单位生产经营实际情况，制定有针对性的模板吊装方案和安全管理制度，明确吊装现场安全管理职责和要求，强化对劳务人员的安全交底工作，切实提高工人安全意识，避免出现现场安全管理缺失问题。

2）建筑工程公司要严格履行施工作业的审批制度，杜绝出现劳务单位私自组织人员进行作业的情况。同时，建筑工程公司应加强对本单位施工作业的现场管理，针对危险性较大的施工作业内容，配备专人进行现场安全管理，强化施工现场安全管理。

3）道桥建设公司要加强对施工现场作业人员的安全教育培训、安全交底等工作，同时督促劳务单位落实对工人的教育培训和交底；强化施工作业审批制度落实，加强与施工各方的沟通和协调，确保第一时间能够介入施工现场安全管理。

4）监理公司要加强对施工现场的监理工作，重点强化对工人教育培训、安全交底和施工方案的审查审核工作，同时加强对施工现场的安全检查，针对危险性较大的施工作业，提出具体要求，做好现场的安全监理工作。

（5）相关知识与管理借鉴

预防此类物体打击事故，需要在施工中合理安排作业，避免上下同时作业，消除上层作业坠落物体伤害下方人员的事故隐患。因特殊情况不能避免双层作业时，必须采取严密的安全防护措施。严格遵守有关操作规程，防止上层物体坠落到下层。上下不同层次间，在前后左右方向必须有一段横向的安全距离，此距离应大于可能坠落半径。

## 8. 打桩机移动发生倾倒砸中挖掘机司机事故

2013 年 12 月 30 日凌晨 3 时 30 分左右，河北省廊坊市新朝阳广场二期 C 区基础桩工程施工过程中，发生一起物体打击事故，造成 1 人死亡，直接经济损失 110 万元。

（1）项目基本情况

廊坊市新朝阳广场二期 C 区基础桩工程地点位于廊坊市和平路与永丰道路口西北角，施工范围为 CFG 桩成孔灌注混凝土、抗拔桩成孔、灌注混凝土、钢筋笼制作安装，承包方式为包工、包料、包机械。廊坊市某房地产开发有限公司为该工程建设单位，某建设工程有限公司为该工程桩基础施工单位。2013 年 10 月 20 日，双方签订专业承包合同，约定开工日期为 2013 年 12 月 5 日，完工日期为 2014 年 1 月 15 日。

（2）事故经过和救援情况

事故发生位置：新朝阳广场二期 C 区基槽槽底东北侧（标高约-15 米）。发生事故的机械：新河 BL 23 型液压步履式长螺旋钻机（以下简称打桩机）一台、小型挖掘机一台。

2013 年 12 月 30 日凌晨 1 时左右，在 CFG 桩钻孔施工过程中，夜班班组打桩机司机魏某光、现场指挥员赵某、挖掘机司机苏某、工人付某通 4 人在打完一组 CFG 桩钻孔后准备移动打桩机向下一个施工地点继续作业。2 时 20 分许，打桩机在移动过程中，遇偏软地面导致内陷，打桩机向右侧发生一定角度的倾斜。为加强支撑，保证打桩机平衡，赵某给现场技术员乔某源打电话，要求调钢板垫于打桩机南侧土质较软的部位，以便打桩机移动，乔某源告知现场只有 2 块钢板。随后，赵某、付某通和苏某驾驶挖掘机将 2 块钢板托运至打桩机南侧，将第一块钢板垫至打桩机右后液压支腿。凌晨 3 时 30 分左右，挖掘机向东移动，在计划将第二块钢板垫至右前液压支腿过程中，打桩机由于重心偏高，内陷后倾倒，砸中正在作业的挖掘机驾驶室。

事故发生后，现场指挥员赵某马上告知现场技术员乔某源调配吊车和挖掘机进行救援，随即打电话让王某拨打“120”“119”救援电话。救援吊车和挖掘机赶到现场进行救援，约 3 时 50 分将挖掘机司机苏某救出，经“120”医护人员确认，挖掘机司机已经死亡。

（3）事故原因分析

1）直接原因。打桩机在移动过程中，遇偏软地面导致内陷，由于打桩机重心偏高，内陷后倾倒，砸中正在作业的挖掘机驾驶室，导致挖掘机司机死亡。

2）间接原因如下：

①建设单位未办理招投标手续和建筑工程施工许可证，现场无监理单位进行监督管理。

②企业安全管理不到位。施工单位安全管理意识淡薄，安全管理制度不健全，未对作业现场进行认真的安全检查，无日常检查记录、施工日志，未及时发现事故现场事故隐患和作业人员违章作业，未采取有效防范措施。

③安全教育培训不到位。施工单位未对作业人员进行安全教育培训和安全技术交底，致使作业人员安全防范意识不强，对作业环境存在的危险性因素认识不足。

④监管部门监管不严。廊坊市建设部门虽然多次对该项目建设单位和施工单位的违法行为下达停工通知，并进行了立案查处、罚款到位，但未能切实使违法行为得到立即制止，违法施工未停，客观上形成了以罚代管的情况。市城市管理综合执法部门虽然对该项目建设单位下达了停工通知，并进行了立案查处，但建设单位始终未停工，综合执法部门对其违法行为制止不力。

（4）事故教训和整改措施

经调查认定，这起物体打击事故是一起生产安全责任事故。

1）建设单位应立即办理新朝阳广场二期 C 区工程项目建设施工手续，完善相关手续后派驻监理公司进行施工现场监督，切实依法认真履行监理职责，落实监理责任制度，突出安全监理作用。

2）施工企业应高度重视施工现场安全管理工作，认真吸取此次安全事故的教训，开展一次全面的安全生产检查，立即对施工现场进行停产整顿，严格落实专职安全管理人员和项目负责人的安全管理职责，彻底消除各类安全事故隐患。

3）施工企业要加强作业现场的安全管理，完善建筑施工安全保证体系，健全完善各项建筑施工安全生产规章制度和标准，落实安全生产“三项制度”和安全生产承诺等长效机制，强化责任落实，加大安全投入，形成安全管理刚性制度，有效推动安全保证体系建设，及时督促作业人员严格执行各种安全管理规定和操作规程。

4）施工企业要进一步加强全员安全教育培训，落实工人进场三级安全教育，同时大力加强日常安全生产教育培训，认真开展施工安全技术交底工作，使每名施工人员真正了解岗位安全操作规程、相关安全规章制度和工程施工中的各类危险源，全面提升全员安全素质，坚决杜绝各类“三违”现象的发生。

（5）相关知识与管理借鉴

这起事故是打桩机在移动过程中，遇偏软地面导致内陷，由于打桩机重心偏高，内陷后倾倒，砸中正在作业的挖掘机驾驶室，导致挖掘机司机死亡。

打桩机移动时，要注意以下事项：

1）打桩机架移位的运行道路，必须平坦坚实，畅通无阻。

2）挪移打桩机时，严禁将桩锤悬高。必须将锤头制动可靠方可走车。

3）机架挪移到桩位上，稳固以后，方可起锤，严禁随移位随起锤。

4）桩架就位后，应立即制动、固定。操作时桩架不得滑动。

5）挪移打桩机架应距轨道终端 2 米以内终止，不得超出范围。如受条件限制，必须采取可靠的安全措施。

6）柴油打桩机和震动沉桩机的运行道路必须平坦。挪移时应有专人指挥，打桩机架不得倾斜。若遇地基沉陷较大时，必须加铺脚手板或铁板。

## 9. 混凝土浇筑布料机机身失稳倾覆物体打击事故

2015 年 4 月 29 日 21 时 40 分，湖南省长沙市芙蓉区湖南农业大学综合实验大楼一区 B 段建设工地发生一起物体打击事故，造成 1 人死亡，直接经济损失 73.7 万元。

（1）项目基本情况

1）项目进展情况。综合实验大楼建设项目由湖南农业大学投资建设，由某建筑公司负责承建，某管理公司负责施工监理，某劳务公司负责提供人力资源服务。该建设项目位于湖南农业大学校内，共包括 5 栋专业实验楼，总造价 1.06 亿元，建筑面积 56 591 平方米，建筑高度 23.85 米，5 栋专业实验楼均为 6 层（不含地面架空层），框架结构。某建筑公司在签订该项目的施工合同后，组建了综合实验大楼工程项目部，项目部将 5 栋专业实验楼按名称排序划分为 5 个区，采取流水施工作业方式，在统一完成基础施工后，按照先一、三、五区，后二、四区的顺序进行主体施工。该项目于 2015 年 1 月 7 日开工，事故发生时，一、三、五区正在进行第 4 层主体结构施工。

2）事故现场情况。事故现场位于综合实验大楼建设工地一区 B 段第 4 层南向楼面。该部分楼面西边已经完成混凝土的浇筑，东边楼面全部铺满钢筋，钢筋面上事故点处铺设了一张模板（由于该布料机当时的工作面为钢筋面，需要用木板垫平），引发事故的混凝土浇筑布料机（以下简称布料机）底座位于模板处，机身从东向西倾倒在钢筋面上。布料机固定支腿与伸缩支腿接口处固定支腿的母材撕裂，裂口为新痕迹，固定支腿与伸缩支腿接口处均有不同程度的塑性变形。布料机固定支腿以上结构件和配重无明显损坏现象。

（2）事故经过和救援情况

2015 年 4 月 29 日 14 时左右，根据某建筑公司项目部的施工进度安排，某劳务公司项目部混凝土班班组长成某平带领本班组工人准备浇筑大楼一区B段第4层楼面的混凝土。成某平首先安排工人配合塔吊操作人员将布料机从地面吊运到第4层南向楼面，并完成了混凝土浇筑的前期准备工作。15时左右，某建筑公司项目部对第3层搭设的支模架和第4层楼面的钢筋组织了验收。

当天19时左右，该班组开始进行混凝土浇筑作业。21时30分左右，班组完成了南向西边楼面的浇筑，除了部分工人继续平整浇筑好的混凝土外，成某平开始指挥其他工人配合塔吊操作人员将布料机从西头吊运到东头。布料机吊运到位后，塔吊操作人员按照指挥要求，将布料机的配重调入布料杆配重箱内。一名工人顺着布料机的上机架爬到配重箱旁准备取下挂在配重上的挂钩，这时布料机突然朝着配重箱一侧倾倒，布料机的手动管在倾倒中砸中正在平整混凝土的汪某志头部。站在布料机机架上的工人见状迅速跳到楼面，腿部受到轻微擦伤。

事故发生后，现场施工人员立即拨打了“120”急救电话。急救车赶到后，医生对汪某志进行了紧急抢救，但因其伤势过重经抢救无效死亡。

（3）事故原因分析

1）直接原因如下：

①布料机固定支腿使用的槽钢材料偏薄，降低了危险截面的结构强度，削弱了结构件承受外力的能力，固定支腿端口处受力后，容易发生塑性变形甚至撕裂破坏，存在安全事故隐患。

②布料机伸缩支腿伸出的长度过大，造成伸缩支腿与固定支腿接触面过小，加上生产厂家为了增强固定支腿槽钢强度焊接上去的加强板布置不合理，导致固定支腿端口受力过于集中。

③布料机在移位后未及时在四方用钢丝绳拉紧固定，导致布料机

在机身失稳后倾覆引发事故。

2）间接原因如下：

①布料机生产厂家在产品设计上存在缺陷。生产厂家未对该型号布料机槽钢材质的选择和通过焊接加强板增强固定支腿强度的方式进行全面、科学的分析和论证。生产厂家编制的用户手册中关于伸缩支腿拉出长度的注意事项，只片面地考虑布料机的稳定性，未全面考虑伸缩支腿拉出过长会造成固定支腿端口受力过于集中的负面影响。

②某劳务公司项目部安全措施不到位。在使用布料机的过程中，项目部未采取可靠的防倾覆安全措施。当某建筑公司项目部管理人员和监理公司项目监理部监理人员多次要求对该问题进行整改后，某劳务公司项目部未引起足够重视，未按要求及时予以整改。

③某建筑公司项目部管理人员和监理公司监理人员履职不到位。对某劳务公司项目部使用布料机时未在四方用钢丝绳拉紧固定的不安全行为，他们虽然提出了整改要求，但未督促某劳务公司项目部整改到位。

（4）事故教训和整改措施

经调查认定，这是一起因建筑施工机械质量问题引起的生产安全责任事故。

1）布料机生产厂家要聘请专家或相关机构对本单位产品的生产工艺进行论证和分析，加强技术改进，合理选择产品材质，切实消除产品质量安全事故隐患；进一步完善用户使用手册，在关于布料机安放和移位的注意事项中，既要充分考虑产品使用中的稳定性，也要全面考虑构件的受力分布情况。质量技术监督部门要加强对该厂家同类产品的质量检查，督促和帮助该单位搞好技术攻关，确保产品质量安全可靠。建设部门要组织施工企业对在建工地正在使用的该厂家的同类产品进行排查，凡是存在质量安全事故隐患的，一律不得投入使用。

2）某劳务公司要进一步完善各项安全管理制度和操作规程，切实加强施工现场的安全管理，及时纠正作业中的违规行为；严格落实监理单位和总包单位的安全指令和安全要求，及时消除存在的事故隐患；加强作业人员的安全教育，全面提高作业人员安全生产意识，督促作业人员落实安全规定和技术措施，切实杜绝违章作业行为。

3）各相关单位要严格履行安全管理职责，加强施工现场的安全管理，督促作业人员严格按照施工规范和方案进行施工作业；认真履行机械设备进场前的检测和验收手续，杜绝存在质量缺陷的设备及构配件进入施工现场；加大安全事故隐患的排查整改力度，对事故隐患整改不到位的，要采取果断措施予以处理，绝不允许带着问题和隐患进行施工作业。

（5）相关知识与管理借鉴

这起事故是布料机在移位后，未及时在四方用钢丝绳拉紧固定，导致布料机在机身失稳后倾覆引发的。

引发事故的布料机，属于混凝土输送泵的辅助配套设备，为某劳务公司于 2015 年 4 月 1 日从长沙市某机械有限公司购得。4 月 3 日，长沙市某机械有限公司指派专人到工地指导某劳务公司项目部的工人进行了安装，工程项目部和监理部组织了验收。该布料机生产厂家为河北省某制造厂，制造日期为 2015 年 3 月 28 日。该布料机由生产厂家自检合格。其主要技术性能参数：工作半径 12 米，旋转角度 360°，工作配重 700 千克，整机质量 1 100 千克。该布料机使用说明要求：工作面应平整、坚实，不得松软塌陷；布料机落到工作面之前，将伸缩支腿拉出处于最大位置，将顶紧螺栓顶紧；若工作面不平或为钢筋平面，应用 600 毫米×300 毫米×80 毫米的木板垫平、垫实，四方立架用钢丝绳拉紧固定，不得有倾斜。

事故发生后，事故调查组委托国家建筑城建机械质量监督检验中心对该布料机倾覆原因进行了检测分析。该布料机固定支腿为两块16号槽钢对扣，通过取样检验，该槽钢化学成分和机械性能满足《碳素结构钢》（GB/T 700—2006）的要求，但型材偏薄［按照《热轧型钢》（GB/T 706—2008）标准的要求，16号槽钢的腰厚度偏差应为±0.5毫米，腿宽度偏差应为±2.5毫米，而该布料机固定支腿使用槽钢的腰厚度偏差为-1.5毫米，腿宽度偏差为-3毫米］。

从引发事故的3个直接原因来看，布料机在移位后未及时在四方用钢丝绳拉紧固定，还是最值得关注的原因。因为在说明书中已经说明，布料机若工作面不平或为钢筋平面，应用600毫米×300毫米×80毫米的木板垫平、垫实，四方立架用钢丝绳拉紧固定，不得有倾斜。

## 10. 供热管道长时间架在垫木上导致坍塌物体打击事故

2016年11月20日凌晨2时许，在由江苏某建设集团有限公司（以下简称江苏建设公司）施工的无锡市望亭地铁1号线延伸段供热项目2标段工程工地，发生一起物体打击事故，致1名施工作业人员死亡。

（1）项目基本情况

无锡市望亭地铁1号线延伸段供热项目2标段工程建设单位为某热力公司（以下简称热力公司）。2016年10月9日，热力公司与江苏建设公司签订了工程施工合同，约定由江苏建设公司承包望亭地铁1号线延伸段供热项目2标段工程的施工，施工内容为供热工程。承接工程后，江苏建设公司正式组建项目部进场施工，项目部成员包括项目经理李某、安全员史某峰、技术负责人吴某成。

至事故发生时，望亭地铁1号线延伸段供热项目2标段工程进度为约完成总工程量的65%，正在进行供热管道接头处焊接后的保温防腐施工作业。

（2）事故经过和救援情况

望亭地铁1号线延伸段供热项目2标段兴源路段工程位于塘南招商城与兴源路中间的辅道上，为减少对兴源路辅道地面交通的影响，施工安排在夜间进行。具体作业方式：江苏建设公司作业人员先用汽车吊将供热管道吊运至预先摆设在地面的垫木上，供热管道两边用木楔子进行固定，然后对供热管道接头处进行焊接，供热管道供应厂家售后服务人员对接头处的焊接部位进行保温防腐后，再由江苏建设公司作业人员用汽车吊将供热管道吊运至预先挖设好的沟槽内，铺设好后回填沟槽恢复路面。

2016年11月20日凌晨2时许，供热管道供应厂家售后服务人员李某雨站在2根并排预先铺设在兴源路辅道地面上的供热管道中间空隙（约500毫米）处，在对供热管道接头焊接处进行保温防腐处理作业时，临靠兴源路一侧的一根供热管道下方铺设的一处垫木突然坍塌，致使供热管道向中间的空隙处滑动，将正在作业的李某雨挤压于2根供热管道中间。后李某雨在第一时间被送至无锡市人民医院，经抢救无效于当日死亡。

（3）事故原因分析

1）直接原因。供热管道架设人员安全意识不足，对供热管道下方铺垫的垫木检查不仔细，未发现垫木存在腐朽、承载强度不够的缺陷，当供热管道长时间架在垫木上时，垫木无法承受供热管道重量而坍塌，导致人员被物体打击受伤后死亡。

2）间接原因如下：

①江苏建设公司望亭地铁1号线延伸段供热项目2标段项目部安全管理存在明显漏洞，施工技术准备不足，在地面上架设供热管道作

业未制定施工组织设计和施工方案，且施工前也未向施工作业人员进行安全技术交底，致使施工作业人员凭经验施工；同时，安全检查制度执行不严，未及时发现垫木存在腐朽的事故隐患，这是本起事故发生的主要原因。

②江苏建设公司安全管理存在薄弱环节，对望亭地铁 1 号线延伸段供热项目 2 标段工程项目部的安全生产工作督促检查不力，未及时发现和纠正项目部未制定施工组织设计和施工方案而凭经验进行施工，以及事故隐患排查治理工作等方面存在的问题，这也是本起事故发生的重要原因。

综上所述，本起事故是因江苏建设公司安全管理不到位而造成的生产安全责任事故。

（4）事故教训和整改措施

1）施工单位和供热管道供应厂家应深刻吸取事故教训，认真落实安全生产责任制，确保各级各类人员充分履行安全生产岗位职责；要切实加强施工现场管理，严格落实事故隐患排查治理工作，及时发现和消除施工现场存在的事故隐患，防止类似事故再次发生。

2）建设监理公司也应认真吸取事故教训，依法认真履行法定安全生产监理职责，严格按照法律法规和工程建设强制性标准实施监理，对发现的问题，应当按照程序和要求及时采取监理措施，强化施工现场安全保障。

（5）相关知识与管理借鉴

这起事故的发生与疏忽大意有关，供热管道架设人员对供热管道下方铺垫的垫木检查不仔细，未发现垫木存在腐朽、承载强度不够的缺陷，当供热管道长时间架在垫木上时，垫木无法承受供热管道重量而坍塌，导致人员被物体打击伤亡。

安全管理是一项精细的工作，也是需要认真对待的工作，特别是施工现场的安全管理，对于预防物体打击事故的发生特别重要。建筑工程施工是一项复杂的生产过程，在同一个施工现场需要组织多工种，甚至多单位（如土建、安装、装饰等）协同施工，而且为了保证施工进度和质量，经常是各工种、各施工单位同时作业、交叉作业，这就需要进行严密的计划组织和控制，针对该项工程施工中存在的不安全因素进行预先分析，从技术上和管理控制上采取措施。施工现场安全管理涉及施工方案的制定、设备和材料的摆放、临时辅助设施的布置等。

### 11. 未进行可靠安全支撑水箱滑落物体打击事故

2018 年 8 月 28 日 16 时左右，位于江苏省常州市新北区春江镇环保八路 6 号的常州某电子有限公司（以下简称电子公司）内发生一起物体打击事故，造成 1 人死亡，1 人重伤。

（1）项目基本情况

2017 年 8 月 21 日，电子公司与某建设公司（以下简称建设公司）签订了建设工程施工合同。2017 年 10 月，建设公司项目负责人徐某春私下将该工程项目中的水电和消防安装作业转包给了厂外人员季某贤。

该工程承包范围包括车间二和车间三的工业厂房土建及水电安装、土石方工程、防水工程、房屋结构、外墙装饰、保温、地基与基础工程、金属门窗、消防工程、模板脚手架工程。2018 年 4 月 26 日，工程整体施工完毕，建设单位、施工单位、监理单位、设计单位、勘查单位五方对该项目进行了质量竣工验收，并向常州市新北区建筑工程质量安全监督站提交了建设工程终止施工安全监督申请书，申请终止对车间二、车间三工程的安全监督。

（2）事故经过和救援情况

工程验收结束后，因三号车间楼顶的高位水箱（不锈钢材质，长约4米，宽约3米，高约2米，东西向架在两道约0.1米宽、0.9米高的混凝土矮墙上）在加水后底部变形，季某贤安排王某金、孙某水、尚某帅3人进行水箱加固作业。

2018年8月28日8时，3人来到现场，使用千斤顶、木方、槽钢对水箱进行支撑后便开始作业。中午，工人到季某贤家中，提出了加固作业存在困难，但季某贤仍然要求继续作业。15时左右，徐某春也来到现场查看作业情况。16时左右，王某金、孙某水、徐某春在水箱底部，尚某帅在楼下取东西，水箱西侧突然从矮墙上滑下，蹲在北侧边缘的孙某水和蹲在中间位置的徐某春跑了出来，坐在西侧的王某金则被下滑的水箱压住。

事故发生后，现场人员立即拨打了“120”急救电话。救援人员赶到时，确认王某金已经死亡。徐某春在逃生过程中腰部被水箱砸到，经诊断为T12椎体压缩性骨折，于8月29日在常州市第二人民医院接受手术，9月15日出院。

（3）事故原因分析

1）直接原因。作业人员安全意识薄弱，未对水箱进行可靠的安全支撑，在无有效安全防护的情况下进入水箱下进行作业，王某金被滑落的水箱挤压身亡，徐某春被砸伤，人员的冒险作业行为是造成本次事故的直接原因。

2）间接原因如下：

①安全教育培训缺失，工人缺乏安全意识。建设公司未对现场施工人员及现场负责人进行安全教育培训，保证从业人员具备必要的安全生产知识，熟悉有关的安全生产规章制度和安全操作规程，掌握岗位所需的安全操作技能。

②作业现场的安全管理缺失。现场无人进行安全监督，排查安全事故隐患，并及时制止危险行为。工程项目负责人徐某春虽然在现场，但未进行有效的安全监护，并确认施工现场的安全条件，自己也冒险进入危险区域。

③劳动组织不合理。建设公司与季某贤之间未按要求明确各自的安全管理职责。季某贤未对作业现场危险因素进行辨识，未采取有效的安全保障措施就组织人员冒险进行作业。

(4) 事故教训和整改措施

建设公司要深刻反思，认真吸取事故教训，举一反三，根据事故原因和事故教训分析，采取以下整改和防范措施：

1）逐级落实安全生产主体责任。要加强对安全生产责任制落实情况的监督考核，确保参与工程的项目负责人、安全员等相关人员取得相应资质，履行各自的职责。对于危险性较高的作业岗位，以及使用千斤顶等机械设备的作业，要健全并落实相应的安全生产规章制度和操作规程，明确相关安全注意事项，有针对性地制定安全防范措施和应急处理措施。

2）加强工程分包管理。作为总包方时，建设单位要依法将建设工程分包给其他单位，要确保分包方及其人员具备相应的安全资质，并签订相应的安全生产管理协议，明确各自在安全生产方面的权利、义务。要对施工现场安全工作进行统一的协调管理，及时发现并制止违章作业的行为。

3）加强安全教育培训工作。要确保所有施工作业人员都进行安全教育培训和安全技术交底，掌握作业场所和工作岗位的安全技能、防范措施和事故应急措施；要告知施工作业人员自身享有的停止危险作业的权利，以及报告事故隐患或不安全危险因素的义务等内容，切实提高施工作业人员的安全意识和自我保护能力。

（5）相关知识与管理借鉴

这起事故的发生，主要是作业人员安全意识薄弱，未对水箱进行可靠的安全支撑，在无有效安全防护的情况下进入水箱下进行作业，结果被滑落的水箱挤压，造成一死一伤。

增强作业人员的安全意识，纠正冒险作业行为，主要还是要加强对作业人员的安全教育。在安全教育上，深圳某建设公司（以下简称深圳建设公司）的做法可供参考。

成立至今，深圳建设公司已完成了500多项重点项目建设，建筑面积800多万平方米，承建的工程项目质量合格率为100%，优良率在90%以上。

深圳建设公司在人员管理方面，引进“平安卡”管理系统，组织现场作业人员参加“平安卡”安全知识培训，培训合格后发放“平安卡”，施工现场实行刷卡进出工地，保证无闲杂人员进入工地。该公司利用施工现场的宣传栏、条幅、安全会议、安全考试等方式，向施工人员宣传、贯彻各种法律法规和标准规范；通过三级安全教育、班组安全教育、专业安全教育、管理人员安全教育及特种作业人员安全教育等方式，对全体员工进行全面、全过程的安全教育，提高全员的安全意识。对于施工人员的安全防护，深圳建设公司提出具体要求，如进入施工现场必须正确佩戴安全帽，从事登高作业必须系安全带、穿防滑鞋、戴防滑手套，进行电焊作业必须佩戴防护手套、防护眼镜等。专职安全员和现场管理人员进行监督，对违反规定的人员，一经发现，就按照项目部的规定进行严厉处罚，并对其加强教育，屡教不改者，坚决清退。

## 12. 挖掘机驾驶员误解手势推倒上部围墙物体打击事故

2016年7月19日16时左右，位于上海市通北路489号的在建工地，发生一起较大物体打击事故，造成3人死亡。

(1) 项目基本情况

该项目为杨浦区平凉街道18街坊地块，包含住宅项目和十五班幼儿园项目（以下简称幼儿园项目），2个项目单独报建。发生事故的为幼儿园项目，开工日期为2016年2月2日，计划竣工日期为2016年8月25日。

幼儿园项目具体建设和管理工作由某建筑公司上海分公司（以下简称上海分公司）负责，专业分包方为上海某建设工程有限公司（以下简称上海建设公司），劳务分包方为上海江都建筑工程有限公司（以下简称上海建筑公司）及上海富茂建筑劳务有限公司（以下简称劳务公司），建筑机械设备租赁方为某实业（上海）有限公司（以下简称实业公司）。

2016年7月18日下午，总承包项目部安全总监叶某荣、现场责任工程师廖某与专业分包方公司项目部经理顾某新联系，要求其拆除幼儿园大门前围墙，并在待拆围墙两端开2个竖槽。顾某新将开槽工作布置给上海建筑公司现场施工员陈某荣。陈某荣将此项工作布置给土建领班贾某新。7月19日6时30分左右，贾某新安排班组成员候某宝，根据陈某荣的现场要求，完成了围墙开槽工作。

7月19日上午，叶某荣分别联系廖某和总承包项目部机电工程师王某新，安排围墙拆除工作以及为配合围墙拆除工作的电缆和水管改道工作。廖某随后联系陈某荣，要求其安排挖掘机配合。王某新则在15时左右，安排劳务公司的2名作业人员陆某龙、蔡某辉到事故现场（围墙内）进行电缆和水管改道工作。

14时左右，廖某带领劳务公司劳务工彭某（实际在总承包项目部配合实施管理工作）到事故现场作业位置，要求彭某待现场吊篮车移走后，联系挖掘机到现场，配合开展围墙拆除工作。

15 时 30 分左右，廖某再次电话联系彭某，要求其到事故现场协调吊篮车和挖掘机移动工作。彭某随即到事故现场，协调吊篮车移位，并联系实业公司的挖掘机驾驶员韩某，要求其驾驶挖掘机至待拆围墙外侧。15 时 40 分左右，叶某荣到事故现场协调电缆、水管改道工作以及围墙拆除工作。

（2）事故经过和救援情况

2016 年 7 月 19 日 15 时 30 分左右，彭某与韩某联系，要求其驾驶挖掘机去配合拆除围墙，并告诉韩某此事已经与陈某荣沟通。韩某随后在劳务公司 3 名作业人员的配合下（负责在行进的挖掘机下垫木方），驾驶挖掘机从项目工地惠民路临时出口处驶出，后左转至通北路，沿通北路由南往北行驶。

15 时 56 分，彭某从待拆围墙槽口处走到围墙外，查看挖掘机到位情况。15 时 59 分左右，挖掘机到达待拆围墙外侧位置。韩某在驾驶室内用手指向围墙以示询问，随后将挖掘机转向待拆围墙位置，并伸出挖斗。当挖斗接近待拆围墙顶部时，彭某做出向上伸出右手的动作，韩某认为该手势为拆除围墙指令，随即操作挖斗将墙体上部向工地内侧推倒，坠落的砖块击中正在围墙内侧作业的叶某荣、陆某龙、蔡某辉 3 人，同在附近位置的王某新见状退后一步未受到伤害。

事故发生后，现场人员立即组织抢救，并拨打“120”急救电话。16 时 02 分，第 1 名被压人员被救出；16 时 03 分，余下 2 名被压人员被救出。16 时 09 分左右，救护车赶至现场将受伤人员送至医院抢救。当日 18 时 10 分，3 名伤者因伤势过重，经抢救无效先后死亡。这起围墙拆除坍塌事故，造成 3 人死亡，直接经济损失约 450 万元。

（3）事故原因分析

1）直接原因。挖掘机驾驶员未按照行业基本操作规程以及日常安全教育培训的要求，在未接受安全交底，未确认现场安全条件的情况下，盲目自信地将现场管理人员的手势误解为作业指令，操作挖掘机挖斗推倒上部围墙，击中围墙内侧 3 名作业人员。

2）间接原因如下：

①劳务公司对作业人员的安全教育培训工作不到位，导致相关作业人员安全意识淡薄，在配合总承包项目部对事故现场交叉作业进行管理过程中，现场安全防护措施缺失。

②上海建设公司相关管理人员对于作业现场挖掘机作业管理不善，未根据挖掘机从事作业的实际情况，制定有针对性的操作规程及安全管理措施，未加强对被派遣劳动者（挖掘机驾驶员）的日常教育培训，导致作业人员安全意识缺失，未按照日常教育培训以及行业基本操作规程的要求，在作业前进行检查、确认、鸣号示警并确认现场指挥信息；在作业现场未能对挖掘机及其驾驶员实施有效的安全生产工作的统一协调和管理。

③上海分公司项目部管理人员未严格按照职责划分开展工作；未在作业前对作业人员落实安全交底工作；劳动组织不合理，围墙拆除作业过程中，安排尚处实习期间的劳务公司作业人员协调围墙拆除及相关机械调配等工作；事故现场交叉作业过程中安全管理措施缺失；对项目承包单位安全生产工作未能实施有效的统一协调和管理。

（4）事故教训和整改措施

经调查认定，这起较大物体打击事故是一起生产安全责任事故。

1）深刻吸取事故教训。相关企业要深刻吸取本次事故的教训，充分认识事故暴露出来的问题。技术管理部门要从本质安全角度进一步落实施工方案的编制以及安全技术交底工作，确保作业人员能全面了解并辨识施工现场的危险因素。技术管理部门要加强对劳务分包、劳务派遣作业人员的安全教育培训工作，特别是要严格按照国家相关规定，将劳务派遣人员纳入本单位统一管理，提高施工作业人员的安全意识和自我保护意识。项目管理部门要严格按照相关管理规定，坚决杜绝管理人员同时兼任不同项目的情况。相关企业应当严格遵照相关法律法规和行业管理办法，认真审核承包单位以及供应商的资质情况和安全管理状况，确保工程及作业内容发包至有资质的单位和个人。

2）强化施工作业现场安全职责的落实。企业各级负责人要增强安全生产工作的紧迫感和责任感，切实履行安全生产主体责任，加强对施工作业现场的安全管理工作，加大对重点项目和重点施工环节的检查力度，督促作业人员严格执行安全生产规章制度和安全操作规程，对作业现场各类违章违规行为要采取“零容忍”的态度，确保安全生产的各项工作落到实处。对于类似挖掘机操作等存在一定危险性，但目前尚未列入特种设备操作证管理的特殊作业，企业要切实担负起安全生产主体责任，督促现场作业人员严格遵守行业规范和企业操作规程，确保作业过程的安全可控。

3）切实履行安全监管职责。属地监管部门要按照“党政同责、一岗双责、齐抓共管”的原则，坚决落实“管行业必须管安全”的要求，切实履行安全生产属地监管的职责。要将事故防范工作摆在重中之重的突出位置，切实加强组织领导，结合实际制定本区、本行业具体工作方案，抓住关键时段、关键环节，落实监管措施，细化责任分工，促进安全生产各项工作全面推进，确保属地安全生产形势稳定可控。

（5）相关知识与管理借鉴

在这起事故中，挖掘机驾驶员盲目自信，将现场管理人员的手势误解为作业指令，操作挖掘机挖斗推倒围墙，对事故发生负有直接责任。

在挖掘机、推土机、装载机等工程机械施工过程中，工地的施工人员经常需要与机械驾驶员沟通，且由于环境的限制，施工人员经常需要用手势来指挥。例如，吊车工作时，工作人员会指挥吊车驾驶员是否下钩、是否起吊；挖掘机工作时，施工人员也需要不断指挥挖掘机工作："按这个高度挖出平面""往下挖 50 厘米""往上提高 30 厘米""挖出斜面坡比是多少多少"等。由于工地环境复杂，机器噪声嘈杂，加上机械驾驶室中的驾驶员与施工人员存在一定的距离，这些交流经常用手势来完成。施工人员指挥工程机械作业所用的手势，缺乏统一的规范，各种手势千奇百怪，让人难以理解，甚至会造成与原意思相反的理解。

有位挖掘机驾驶员就说了他亲身经历的两件事。

有一次，驾驶员操作挖掘机在很狭窄的两栋房屋之间工作，挖掘机需要旋转时，由于看不到挖掘机的尾部旋转空间，害怕挖掘机尾部在旋转时碰撞到房屋，于是安排徒弟指挥，徒弟在指挥时，只是摇头和摆手，他自然理解为不能旋转，没有空间，但事后问徒弟，徒弟的原意是不会撞到，没有问题。两种理解完全相反。还有一次，驾驶员在操作挖掘机挖掘房屋基础时，要求按照一个标准的高度挖掘出一个平面，施工人员通过仪器测量后，就用手指指着地下，他理解为，还没有达到要求的深度，需要继续往下挖掘。可后来才知道，施工人员的原意是，手指指向的这个点即标准的高度。两种理解截然不同。

这起事故就源于对指挥手势的理解错误。所以，为保证类似事故再次发生，应该注意规范指挥手势，在指挥的时候，保证驾驶员和施工人员都能看懂，意思清晰明白，不会出现沟通障碍和理解错误。

## 三、坍塌伤害事故

坍塌是指施工基坑（槽）坍塌、基础桩壁坍塌、模板支撑系统失稳坍塌及施工现场临时建筑（包括施工围墙）倒塌等。在建筑施工中，常见坍塌事故主要有接层工程坍塌、纠偏工程坍塌、交付使用工程坍塌、在建工程整体坍塌、改建工程坍塌、在建工程局部坍塌、脚手架坍塌、平台坍塌、墙体坍塌、土石方作业坍塌、拆除工程坍塌等。

发生坍塌时，由于坍塌过程产生于一瞬间，来势凶猛，现场人员难以及时迅速撤离，不能撤离的人员往往随坍塌物体的变动而导致坠落、物体打击、挤压、掩埋、窒息等严重后果。如果现场有危险物品存在时，还可能引发着火、爆炸、中毒、环境污染等灾害。在坍塌后的抢救过程中，如果缺乏应有的防护措施，还可能出现再次或多次坍塌，扩大人员伤亡。近年统计，在建筑施工中，坍塌事故导致的人员伤害通常占事故伤害的28.25%。

因此，在建筑施工中，必须高度重视做好各种类型坍塌事故的防范工作，施工单位在编制施工组织设计时，应制定预防坍塌事故的安全技术措施；项目经理对本项目的安全生产全面负责，项目经理部应结合施工组织设计，根据建筑工作特点，编制预防坍塌事故的专项施工方案，并监督实施。

## 1. 沟壁坍塌沟槽内清槽作业人员埋压窒息事故

2010 年 3 月 23 日 14 时 10 分左右，北京某水务建设工程有限公司（以下简称水务公司）在怀柔区庙城镇郑重庄地区排水工程工地，组织作业人员开挖沟槽作业过程中，局部土方发生坍塌，造成沟槽内作业的 3 名人员被埋压窒息死亡。

（1）项目基本情况

怀柔区庙城镇郑重庄地区排水工程为怀柔区新农村水利基础设施建设工程。该工程建设单位为北京市某水务工程项目办公室（以下简称项目办），设计单位为北京市某设计咨询开发公司，勘察单位为某设计院有限公司，监理单位为北京某工程管理有限公司，施工中标单位为水务公司。2010 年 2 月 25 日，水务公司怀柔分公司与项目办签订了合同协议书和安全生产协议书。

（2）事故经过和救援情况

2010 年 3 月 22 日 8 时 30 分左右，霍某（施工工长）带领水务公司怀柔分公司的合同工孙某（班长）、万某、韩某、李某、雷某、孟某 6 名工人和以公司名义租用的一台挖掘机到达施工现场准备施工。

9 时左右，霍某指挥施工人员，以勘探地下国防光缆名义施工时，被例行巡查的区路政分局执法人员发现。执法人员要求现场作业人员立即停止施工，并下达了违法行为通知书。该通知书认定项目办“擅自挖掘公路，责令其立即停止违法行为，恢复原状”。苏某（项目办相关负责人）到现场处置，现场签收了违法行为通知书，并向领导汇报了相关情况。

3 月 22 日下午，相关单位召开区路政局协调会议，会议结束后，霍某为赶工期，继续指挥挖掘机和施工人员作业到 18 时左右。项目办相关人员参加完协调会后，虽表示暂停施工，但未采取具体措施。

3 月 23 日 7 时 30 分左右，霍某到施工现场巡视后回到办公室，要求孙某带领工人进行人工开挖探坑，继续查找光缆和地下管线。13 时左右，挖掘机再次进入施工现场向西继续开挖沟槽。同时，孙某指派作业人员在施工现场搭建围挡，自己带领万某、韩某 2 人下沟槽内配合挖掘机开挖过程中的清槽和测量作业。14 时 10 分左右，挖掘机挖至沟槽最西边，未找到地下光缆确切位置，按照孙某的要求，往东退回 6~7 米，停在沟槽北侧。挖掘机在向南侧沟壁挖土时，距挖掘机东侧 3~4 米处南侧沟壁发生坍塌，将沟槽内孙某等 3 名清槽作业人员埋压，现场其他作业人员以及随后赶到的怀柔区桥梓部队官兵和当地消防官兵全力施救，3 名埋压的作业人员被挖出，经抢救无效死亡。

截至事故发生时，该项工程的勘察、设计工作已经完成，相关图纸资料已交付建设单位和施工单位，但建设单位尚未办理开工许可、占路施工等相关行政审批手续，施工监理单位尚未正式进场，不具备正式开工条件。

（3）事故原因分析

1）直接原因。项目工长违章指挥作业，未按设计和施工方案规定放坡，是导致坍塌事故发生的直接原因。

2）间接原因如下：

①施工单位执意违规作业，施工安全管理混乱，现场缺乏有效的安全管理。水务公司在明知未办理相关施工许可手续、施工管理人员和监理单位均未到位的情况下，放任作业人员的违规施工作业；在区路政分局和项目办要求停止施工的情况下，未采取任何措施制止违规施工行为。

②项目办对违规施工现象制止不力。在明知该工程未办理相关施

工许可手续、不具备开工条件的情况下，虽要求施工单位按照区路政分局的执法指令停止施工，但未采取有效措施制止违规施工行为。

（4）事故教训和整改措施

1）水务公司要进一步加强对本单位分支机构的管理，进一步完善安全生产责任制，将分支机构管理人员纳入管理体系。加强对分支机构承担工程项目的监督检查，及时消除工程项目施工中的安全事故隐患，杜绝违规施工现象。

2）怀柔区水利建设行政管理部门要严格按照《水利工程建设程序管理暂行规定》组织开展水利基础设施建设，建立投资主体和安全监管主体"同体"回避制度，确保安全监管的有效运行。区水务局要认真履行水利建设工程行业监管职责，加强对水利建设工程施工前期准备工作的检查，杜绝在不具备施工条件、相关手续不全的情况下，为抢工期盲目施工的现象。

3）怀柔区政府要针对政府投资的建设工程项目，明确工程项目的建设单位地位和法定职责，研究解决农村水利基础设施建设项目法人和安全监督管理单位"同体"的问题，建立有效的建设工程监督管理制衡机制。

（5）相关知识与管理借鉴

这起事故的发生，与项目工长违章指挥作业有直接的关系，项目工长在开挖基坑的过程中，未按设计和施工方案规定放坡，从而导致坍塌事故发生。

从科学角度剖析，形成坍塌事故的主要原因有 2 点：一是因工程的结构不能承受实际载负力而发生的；二是因作业中盲目破坏物体的原有相对平衡状态而发生的。很多坍塌伤害事故是因施工人员缺乏科学态度盲目蛮干，使物态平衡失控引发的。也有不少坍塌伤害事故，除了施工人员蛮干外，往往还与管理人员追求进度、不管不顾、违章指挥有直接关系。

建筑施工要遵守《建筑施工土石方工程安全技术规范》（JGJ 180—2009）的规定，做到：土石方工程施工应由具有相应资质及安全生产许可证的企业承担；土石方工程应编制专项施工安全方案，并应严格按照方案实施；施工前应针对安全风险进行安全生产教育及安全技术交底；特种作业人员必须持证上岗，机械操作人员应经过专业技术培训；施工现场发现危及人身安全和公共安全的隐患时，必须立即停止作业，排除隐患后方可恢复施工。

## 2. 开挖沟槽底部作业边坡过陡导致的坍塌事故

2017 年 8 月 10 日 14 时 30 分左右，在 G104 国道项目一期 02 标续建右幅慢车道排水工程施工现场（安徽省滁州市来安县汊河镇），发生一起雨污水管开挖沟槽边坡坍塌事故，造成 2 人死亡，直接经济损失约 192 万元。

（1）项目基本情况

1）项目实施情况。滁州市某建设公司授权滁州市某公路公司（以下简称公路公司）负责 G104 滁州至汊河段改建一期工程项目的建设管理。为实施该工程，公路公司采用公开招标的方式分 2 个标段，2013 年 2 月 25 日确定安徽省某建设工程集团公司（以下简称安徽建设公司）中标。2016 年 5 月，安徽建设公司与公路公司（业主）签订汊河街道段 1.6 千米续建工程协议，于 2017 年 5 月底完成汊河街道段主车道及左幅慢车道施工。

由于汊河街道段右幅慢车道沿线均为商铺，征地拆迁完成时间不能确定，安徽建设公司于 2017 年 6 月 20 日通过询价招标的方式，将 G104 国道项目一期二标续建右幅慢车道排水工程项目发包自然人许某，并签订劳务合同、安全施工合同，合同采取单价方式，按月以已完合格工程的现场收方计量进行结算、支付。

2）事故现场状况。事故发生在滁州市来安县汉河镇 G104 国道右幅慢车道，事故现场为雨污水排水管涵开挖沟槽，长约 10 米，宽约 5.8 米，深约 3.9 米，呈南北走向，东侧为 G104 主道路，西侧为商户门前水泥场地；沟槽内东侧边坡近乎垂直但未发生坍塌，西侧边坡坍塌严重、局部形成伞檐，沟底凹凸不平。沟槽周边围有围栏、锥形桶，事故发生后，拉了警戒色带。

（2）事故经过和救援情况

2017 年 8 月 7 日，事故现场的雨污水排水管涵沟槽基本开挖成型，8 月 8 日、9 日连续 2 天暴雨，工程未施工。8 月 10 日上午，天气晴转多云，根据项目部要求，带班许某通知王某、许某某来工地干活。13 时许，王某、许某某来到事故现场工地，当时现场包括许某在内共有 6 人。许某安排 2 人到附近的沟槽抽水，1 人负责机械设备调配，由于挖掘机正在对事故沟槽进行挖掘整理，王某、许某某就坐在旁边休息。14 时 30 分左右，挖掘机挖好后退出沟槽，到北边准备转移涵管，许某就到旁边自己的面包车上拿吊带。王某、许某某私自带铁锹下到沟槽底，这时沟槽西侧边坡发生坍塌，将 2 人埋入土石方中，塌方的土石方量为 1～2 立方米，旁边工人张某看到后，立即呼喊："塌方了！"

事故发生后，现场人员立即拨打了"120"急救电话，随后劳务分包工头张某、许某等人先后下去救援。为了防止救援时边坡再次坍塌，项目部人员从旁边商店购买了木杆，对沟槽两边边坡进行临时支护。因沟槽场地狭小，限制了救援力量的展开，同时因人员被埋位置较深，无法使用挖掘机开展救援，救援人员只能徒手和使用铁锹扒泥土，救援工作进展缓慢。不久，公安干警、消防队员赶到现场，立即对救援现场进行警戒，同时消防队员下到沟槽，替换下面的抢险人员。16 时 30 分左右，2 名被埋人员先后被救出，经医生确认已死亡。17 时左右，现场应急处置工作结束。

（3）事故原因分析

1）直接原因。王某、许某某安全意识淡薄，违规进入沟槽底部作业；沟槽边坡较陡且杂土含水量大导致边坡坍塌，造成 2 人被埋而亡。

2）间接原因如下：

①现场安全管理严重缺失。建设单位、总包单位以包代管，施工单位现场无安全管理人员，监理单位缺位。开挖沟槽有重大安全风险，且无任何防护措施，现场安全管理处于失控状态。

②违规作业。原设计要求在管沟东侧留台阶、西侧放坡，而实际开挖两边均处于陡坡，盲目施工。

③三级安全教育培训形同虚设。项目部、劳务承包方使用农民工，未经必要的安全教育培训直接上岗作业，缺乏必要的安全知识和技能，安全意识淡薄。

（4）事故教训和整改措施

经调查认定，这是一起因现场安全管理严重缺失，施工方违规作业，员工冒险蛮干而导致的生产安全责任事故。此次事故暴露出建设单位、监理单位、施工承包单位安全管理缺失，从业人员安全教育培训不到位、事故隐患排查不到位、安全责任落实不到位，员工劳动防护意识差，教训极为深刻。为有效预防和遏制事故的发生，应采取以下防范措施：

1）加强道路工程施工项目安全管理。建设方、承包方、监理单位要以这起事故作为典型案例，从中吸取教训，切实落实安全生产主体责任，加强施工现场安全管理，建立健全规章制度，层层落实安全生产责任，加大隐患排查力度，消除安全管理盲区和死角，切实提高各方安全管理水平。

2）加大从业人员安全教育培训工作力度。要广泛开展安全生产宣传教育培训工作，重点是规章制度、操作规程的学习培训，增强员工安全意识和自我防范能力，杜绝职工违章、违规行为。

3）企业要落实安全事故隐患排查整改主体责任，深入开展“百日除患铸安”行动。有关部门要严格监督检查，督促企业建立并落实日常隐患排查治理制度，及时发现并消除各类事故隐患。

4）交通行业主管部门要按照“管行业必须管安全、管业务必须管安全、管生产经营必须管安全”的安全生产责任体制，加强对交通建设领域安全生产的监督管理，深入开展建筑施工预防坍塌事故专项整治“回头看”活动，督促建设、施工、监理单位落实安全生产责任制，及时协调解决其安全生产工作中的问题，确保工程项目施工安全。

（5）相关知识与管理借鉴

在这起事故中，建筑施工企业未认真履行法定安全管理责任，违法违规将工程项目发包给无劳务分包资质的自然人，并且对分包方的安全生产工作未统一协调、管理；隐患排查治理不力，现场管理缺失；未按规定开展农民工岗前安全生产教育培训，对事故的发生负有主要管理责任。

土石方工程包括土石方的开挖、运输、填筑、平整与压实等主要施工过程，以及场地平整、基坑（槽）与管沟开挖、路基开挖、人防工程开挖、地坪填土，路基填筑以及基坑回填。要合理安排施工计划，尽量不要安排在雨季，同时为了降低土石方工程施工费用，贯彻不占或少占农田和可耕地并有利于改地造田的原则，要作出土石方的合理调配方案，统筹安排。

土石方工程施工多为露天作业，土、石又是天然物质，种类繁多，成分较为复杂，施工中直接受到地区、气候、水文和地质条件的影响，在地面建筑物稠密的城市中进行土石方工程施工，还会受到施工环境的影响。因此，在施工前应做好风险分析，制定合理的施工方案组织施工。

## 3. 沟槽边坡没有达到要求也无支护措施坍塌事故

2016 年 1 月 5 日 22 时许，在由江苏省无锡某市政公用事业有限公司（以下简称市政公司）承包施工的无锡地铁 3 号线前期市政道路及管线迁改工程 05 标项目工程工地，发生一起坍塌事故，造成 1 名施工作业人员死亡。

（1）项目基本情况

无锡地铁 3 号线前期市政道路及管线迁改工程 05 标工程（以下简称地铁 3 号线前期迁改 05 标工程）建设单位为无锡某建设集团有限公司（以下简称无锡建设公司）。2015 年 12 月 10 日，无锡建设公司与市政公司签订了工程施工合同，约定由市政公司承包地铁 3 号线前期迁改 05 标工程的施工，施工内容为新区站、长江路站、机场站、长机区间管线迁改等，合同日期为 2015 年 9 月至 2018 年 10 月（含施工工期和管养工期）。

承接工程后，市政公司正式组建项目部进场施工。该项目由市政监理公司实施监理。至事故发生时，地铁 3 号线前期迁改 05 标工程形象进度为约完成总工程量的 30%，正在进行长江路站雨水管道沟槽开挖和铺设作业。

（2）事故经过和救援情况

2016 年 1 月，市政公司组织施工力量，进行过长江路雨水管道铺设施工（管线东西走向，横穿长江路）。具体作业方式：先用挖掘机开挖沟槽，测量标高后，将雨水管道（直径约 1 米，每节长约 2.5 米）放入沟槽。然后挖掘机后移，再重复前述作业，直至作业段完毕后回填沟槽。为了减少对长江路等地面交通的影响，施工安排在夜间进行。

5 日晚，市政公司施工至长江路东侧、新梅路南侧。至当晚 22 时许，市政公司完成 3 节雨水管铺设和第 4 节雨水管道预放位置沟槽开挖，作业人员赵某桂下至沟槽，站于第 3 节雨水管道上部，手持塔尺配合测量员何某龙测量第 4 节雨水管道预放位置底部的标高。测量结束后，赵某桂沿着雨水管道往回走，沟槽北侧边坡土方局部突然坍塌，坍塌土方把赵某桂砸倒并埋住。何某龙和其他作业人员立即施救，并拨打“120”急救电话。现场人员在将赵某桂救出后，立刻将其送至医院，但赵某桂因伤势过重抢救无效于当日死亡。

经事故调查组查勘现场，坍塌后的沟槽长约 10 米，上口宽约 4.6 米，底部宽约 1.2 米，深约 3.6 米，实际放坡系数为 0.4~0.5。

（3）事故原因分析

1）直接原因如下：

①沟槽北侧边坡没有达到施工组织设计和施工方案 1∶1 的放坡要求，也没有采取其他支护措施，边坡稳定性不足，存在土方坍塌的可能，这是事故发生的直接原因。

②赵某桂对沟槽边坡存在坍塌的危险因素估计不足，进入危险区域施工，在沟槽边坡局部塌方时受到伤害。

2）间接原因如下：

①市政公司施工技术准备不足，在沟槽开挖前未向施工人员详细说明沟槽开挖的安全技术要求，造成施工现场沟槽边坡无防坍塌的安全技术措施，这是本起事故发生的主要原因。

②市政公司地铁 3 号线前期迁改 05 标工程项目经理部安全管理存在明显漏洞，安排赵某桂等未经安全教育考核合格的人员进场施工作业，施工作业人员安全意识不足，缺乏对施工现场安全风险辨识的能力；同时，在施工作业中，未能及时整改沟槽边坡存在的事故隐患，这是本起事故发生的重要原因。

③市政公司安全管理不力，对无锡地铁 3 号线前期市政道路及管线迁改工程 05 标工程项目部督促检查不严，未及时发现和纠正项目部安全教育考核和安全技术交底制度落实不严的问题，这也是本起事故发生的重要原因。

综上所述，这起事故是施工单位技术管理不严、现场管理不力造成的生产安全责任事故。

（4）事故教训和整改措施

1）市政公司应深刻吸取事故教训，认真落实安全生产责任制，确保各级各类人员充分履行安全生产岗位职责；要严格执行公司各项规章制度，提高职工安全生产责任意识，规范施工现场安全管理，及时消除事故隐患，防止类似事故再次发生。

2）无锡建设公司应深刻吸取事故教训，要对其所有施工项目部进行事故通报，充分发挥建设单位在项目实施过程中的核心作用，督促监理单位认真履行职责，强化对施工单位不规范行为的监督，确保工程安全平稳推进。

（5）相关知识与管理借鉴

在这起事故中，由于沟槽北侧边坡没有达到施工组织设计和施工方案 1∶1 的放坡要求，也没有采取其他支护措施，边坡稳定性不足，存在土方坍塌的可能性。施工人员在进入沟槽作业时，沟槽边坡局部塌方使施工人员受到伤害。

在建筑施工中，为了防止坍塌和保证施工安全，需将槽、坑边壁修成一定倾斜坡度，称作边坡。土方边坡坡度以开挖深度和边坡底宽之比表示。而土方放坡系数（$m$）是指土壁边坡坡度的底宽 $b$ 与基高 $h$ 之比，即 $m=b/h$。土方放坡系数与土质、开挖深度、施工方法有关。在建筑中，放坡应该从垫层的上表面开始。

管线土方工程定额，对计算挖沟槽土方放坡系数规定如下：

1）挖土深度在 1 米以内，不考虑放坡。

2）挖土深度在 1.01~2.00 米，按 1∶0.5 放坡。

3）挖土深度在 2.01~4.00 米，按 1∶0.7 放坡。

4）挖土深度在 4.01~5.00 米，按 1∶1 放坡。

5）挖土深度大于 5 米，按土体稳定理论计算后的边坡进行放坡。

需要注意的是，计算工程量时，地槽交接处放坡产生的重复工程量不予扣除。因土质不好，基础处理采用挖土、换土时，其放坡点应从实际挖深开始。在挖土方、槽、坑时，如遇不同土壤类别，应根据地质勘测资料分别计算。土方放坡系数可根据各土壤类别及深度加权取定。这个数据并不是在每个地方都适用，只是通用规则。

### 4. 未对沟槽设置有效安全防护措施造成坍塌事故

2016 年 12 月 14 日 10 点 30 分左右，江苏省扬州市城市南部快速通道雨水管道施工中发生一起边坡坍塌事故，致 2 人死亡，1 人受伤。

（1）项目基本情况

扬州市城市南部快速通道全长约 17.2 千米，2016 年 4 月 18 日开工建设，项目共分为 6 个标段。该项目第六标段全长约 3.8 千米。施工承包单位为江苏某交通工程集团有限公司，2016 年 4 月，该公司成立项目部，项目经理王某富，监理单位为某交通工程咨询监理有限公司。六标段扬州市运河南路的排水工程部分劳务由项目部分包给江苏某劳务有限公司（以下简称劳务公司）。2016年5月8日，双方签订工程劳务合同，合同范围为“市政雨污水管道及附属工程劳务”。事故发生在六标段运河南路雨水管道及附属工程（通运闸附近），由劳务公司负责施工。

（2）事故经过和救援情况

12月12日，劳务公司管道施工队（以下简称管道施工队）进行雨水沟槽开挖及管道铺设作业（施工由北向南方向），沟槽放坡比为1:（0.54~0.55），深度为4.6米，底部宽2.2~2.3米，顶部宽7.2~7.4米。为防止坍塌，管道施工队采取每隔2米左右在两侧加钢板桩形式进行加固。因施工方了解到附近有一根未在管线现状平面图上标注的自来水管道，为防止管道受损，挖掘机采用试探性地向南慢慢推进，直至东西方向的自来水管道完全暴露。此处，沟槽两侧约有10米未用钢板桩进行防护。因12月13日下雨，该处未施工。

12月14日7时左右，管道施工队根据施工负责人沈某杰的安排，宋某华、彭某玲、余某龙、孙某平4人和挖机驾驶员丁某伟对横在沟槽上方的自来水管道进行加固，其间，监理单位也曾到过现场。10时许，因加固自来水管道的支架材料未送到工地，丁某伟驾驶挖掘机到沟槽东侧10米处进行土方搅土的工作。彭某玲在沟槽自来水管道处下方进行清土作业。宋某华、余某龙在沟槽北端互相配合进行测量作业。10时30分左右，沟槽西侧自来水管道附近的土方突然发生小面积坍塌（长1米，高1米，厚0.5米，土方约0.5立方米），在沟槽底部的彭某玲因躲避不及腿部被土方掩埋。宋某华和余某龙发现后立刻前往施救，试图将彭某玲拉出。此时，沿着塌方处的北侧又发生二次坍塌（长6.5米，高2.8米，厚0.8~1米，土方约14.2立方米），将彭某玲和前来救援的余某龙掩埋，宋某华腿部被土方掩埋。

土方二次坍塌后，在现场的孙某平立即呼喊救命，挖掘机驾驶员丁某伟听到呼喊也赶过来参与救援，并打电话向管道施工队负责人沈某杰报告，随后现场管理人员和工人以及附近工厂职工参与救援，首先将宋某华救出后送到队医院进行救治。公安、消防到场后，现场救援由消防接管，其他人员撤离现场。12 时 20 分左右，被埋人员彭某玲、余某龙被陆续救出，后送至武警江苏省总队医院进行救治，彭某玲、余某龙因伤势过重在医院抢救无效死亡。事故造成 2 人死亡、1 人受伤，直接经济损失约 200 万元。

(3) 事故原因分析

1) 直接原因。管道施工队未在沟槽坍塌附近设置钢板桩等有效的安全防护措施，导致沟槽西侧的泥土发生第一次坍塌，造成 1 人被埋，是本次事故发生的直接原因。现场施救人员应急救援措施不当，造成施救人员和被救人员被第二次坍塌物掩埋，是导致事故扩大的又一重要原因。

2) 间接原因如下：

①施工单位在工程施工前，未能获得准确的管线现状平面图，管道施工队未能针对实际制定有效的安全施工方案。项目部相关人员未能及时发现并消除存在的隐患。

②监理单位对安全生产方面监督检查存在缺陷，特别是危险性较大的沟槽施工作业，缺少现场指导和技术把关。

综上所述，事故调查组认定这是一起由于防护措施不到位、应急救援措施不当引起的坍塌事故。

(4) 事故教训和整改措施

施工单位以及项目部要从该起事故中认真吸取教训，举一反三，强化事故隐患排查治理及整改措施，进一步强化员工安全生产教育，完善安全施工方案，健全生产安全事故应急救援预案并定期组织演练。

1）施工单位要认真落实安全生产主体责任，加强施工现场安全管理，尤其要强化对危险性较大工程的安全管理。注重加强从业人员安全教育与培训，不断提高从业人员的安全意识，提升从业人员规避风险的能力。严格执行隐患排查治理制度，全方位、全过程排查各类事故隐患，形成书面记录，同时狠抓隐患整改工作，按照“定方案、定资金、定人员、定时限”完成整改工作。注重加强劳务分包作业的安全管理，将劳务分包人员纳入本单位统一教育，统一管理。

2）监理单位要督促监理人员严格落实监理安全方面的职责，强化现场指导，督促施工单位规范作业，并注重加强深基坑、高支模、起重吊装等重点部位及重点环节的安全监管。

3）建设单位要进一步加强施工过程的统筹与协调，督促各标段施工单位严格落实企业安全生产主体责任。监理单位要落实监理责任，加强现场巡查督查，规范施工作业行为，确保城市南部快速通道全线施工作业的安全平稳。

（5）相关知识与管理借鉴

这起事故的发生，是由于沟槽两侧约有10米未用钢板桩进行防护，接着又遇到下雨，沟槽发生坍塌。坍塌事故发生后，在救援过程中，现场施救人员应急救援措施不当，造成施救人员和被救人员被第二次坍塌物掩埋。

在基坑开挖时要特别注意对基坑的支护，对于基坑支护工程应该注意以下几点：

1）完善设计，保证安全系数。基坑支护工程从设计开始就应该认真勘察现场状况，了解和确认地下环境，科学地确定各种计算荷载，并充分考虑施工人员技术水平、材料性能、季节性施工等因素，最终确定合理的安全系数。

2）规范管理，消除安全事故隐患。不管是针对基坑支护工程还是整个建筑工程，提高管理人员素质，加强工程过程控制都是必不可少的。要树立“隐患就是事故，失职等于犯罪”的意识，切实把好技术、质量、安全、环保等关口，将一切隐患消除在萌芽状态。

3）强化教育，提高施工人员素质。对施工人员，必须从最基本的方面开始，通过多种形式对其进行技术、安全、文明施工、规范操作等多方面的培训、教育，增强其建筑施工的知识，提高其安全意识，使其懂得保护自己和保护他人。

综上所述，基坑支护虽然只是一个分项工程，但是它的重要性绝对不容忽视。从基础阶段就抓好工程的技术、质量和安全生产，是工程成功开端的关键。

## 5. 河道堤岸降水作业后失稳导致的土方坍塌事故

2017 年 8 月 24 日 19 时 20 分，某控股集团有限公司（以下简称控股公司）在浙江省杭州市下沙新建河整治工程施工过程中，发生一起土方坍塌事故，造成 1 人死亡，直接经济损失 153 万元。

（1）项目基本情况

杭州市新建河（文渊北路至文津北路）河道及南侧绿化带整治工程位于下沙经济技术开发区与乔司农场交界处，建设单位为某城建中心，施工单位为控股公司，监理单位为某咨询公司。新建河全长约 3.2 千米。工程于 2017 年 4 月 10 日起施工，计划于 2017 年 12 月 10 日结束。事故发生时已按批次完成总工程量的 30%，处于河内清淤、挡墙驳坎地基等施工阶段，其中，部分土坡挡墙地基已实施井点降水作业。

2017 年 8 月 21 日，控股公司项目部在新建河北岸内侧开挖一条长22米、宽约3.5米的沟槽，沟槽底部到堤岸顶部高度约3.5米，坡度约呈80度，并在沟槽内打入深水井，使用潜水泵进行降水，为施工土坡挡墙地基做准备。2017年8月21日，监理单位发出监理工程师通知书（编号12号），通知指出施工单位因开挖沟槽打深井作业，影响堤岸边坡稳定，存在较大安全事故隐患，要求控股公司项目部立即暂停施工，3天内采取必要的加固措施。2017年8月22日，控股公司项目部暂停施工，作业班组除日常值班外已基本撤离施工现场。

（2）事故经过和救援情况

2017年8月24日18时30分左右，控股公司项目部施工现场负责人王某全，安排工地水井巡查员黄某堂巡查沟槽内深井排水情况，在巡查时发现水泵发生故障，为了查明水泵故障原因，准备取出水泵，因水泵被泥土覆盖，未能将水泵从井内提上来。

19时10分左右，黄某堂叫来工友周某平帮忙，两人合力也未能拉出水泵，于是周某平进入沟槽清除水井内的泥土，黄某堂站在施工便道上继续向上拉水泵。19时20分左右，黄某堂突然听到“轰”的一声，发现堤岸边坡的土方坍塌，周某平整个身体被埋入土方内，黄某堂一只脚被埋。此时，距离事发现场约10米的施工员钟某发现险情后，立即组织施救并拨打“119”“120”急救电话，将周某平送往医院，周某平经抢救无效于当日死亡。

（3）事故原因分析

1）直接原因。控股公司项目部未采取安全防护措施，未在堤岸边坡打入钢板桩加固，导致河道堤岸在实施井内降水作业后失稳坍塌，造成周某平被埋致死。

2）间接原因如下：

①施工单位未按施工方案组织施工。控股公司项目部在组织实施

深井降水作业施工过程中，未严格落实施工方案，沟槽开挖未按 1：0.5 的坡度要求，且未在边坡设置钢板桩支护。在接到监理单位整改通知书后，施工单位未能及时落实整改措施，消除事故隐患。

②监理单位督查不力。监理单位未能及时督促施工单位落实整改措施，在 2017 年 8 月 21 日发出监理工程师通知书（编号 12 号），要求施工单位 3 天内采取必要的加固措施后，直至 8 月 24 日的事发晚上施工单位也未采取加固措施。

（4）事故教训和整改措施

经调查认定，这起土方坍塌事故是一起生产安全责任事故。

1）认真吸取事故教训，严格落实施工专项方案。控股公司要加强施工现场的安全生产检查，认真研究细化施工组织设计专项方案，严格按照方案要求开挖沟槽坡度，及时在堤岸边坡打入钢板桩，设置安全防范措施，严格落实监理通知书的整改要求，举一反三，查找整治事故隐患，切实把事故隐患消除在萌芽状态，杜绝类似事故再次发生。

2）加强安全监督管理，确保项目施工安全。监理单位要认真履行安全监理工作职责，严格落实监理旁站制度，加大安全巡查力度，督促施工单位严格按照施工专项方案要求组织施工，落实各项安全工作规定和安全保障措施，严防偷工减料。一旦发现存在问题，监理单位要及时发出整改通知书，督促施工单位按时完成整改事项，确保施工安全。

3）切实履行业主工作职责，督促落实安全生产责任。建设单位要加强对监理单位、施工单位的安全教育和检查，定期组织召开安全生产例会，分析安全生产形势，制定落实安全工作措施，建立健全安全管理各项规章制度，督促监理单位、施工单位认真履行职责，严格落实施工专项方案要求和施工作业规程，确保安全工作责任落到实处。

(5) 相关知识与管理借鉴

在这起事故中，工程项目部未采取安全防护措施，未在堤岸边坡打入钢板桩加固，导致河道堤岸在实施井内降水作业后失稳坍塌，造成周某平被埋致死。

在土建施工中，土石方施工是基础，而且很多时候施工条件并不是很理想，施工难度也很大，这就需要在施工中严格执行安全管理制度，保证施工作业人员、机械安全。

进行土石方施工安全管理需要注意以下几点：

1）制定规章制度，落实操作规程。在土石方施工中，要根据施工组织计划按照操作规程进行每道工序，并根据实际情况制定相应规章制度，把制度与操作规程紧密结合起来，形成有效的落实、管控机制。

2）强化现场管理，控制危险因素。现场安全管理是针对生产过程的危险因素，采取一定措施预防事故的发生或减轻事故造成损失的一个系统化的过程。因此，安全管理离不开施工环境、机械、人员等外部条件，制度的建立也必须依照实际情况做相应处理，而不是完全按照已有施工经验。这样形成健全的安全管理制度才能有效执行下去，各项操作规程才能很好落实。不然，一切制度、规程就只能是纸上的文字罢了。

3）重视安全教育，提高人员安全意识和技能。重视对作业人员的安全教育，尤其是三级安全教育，十分重要。特种作业人员必须经过安全培训，考试合格后持证上岗。管生产就要管安全，安全管理不仅仅是专职和兼职安全管理人员的事，它是每一位管理人员的职责。安全管理需要从上至下进行，每一位参与者都要进行安全教育。只有决策者有良好的安全意识，安全管理才能得到支持，现场安全管理才能得以落实。

4）落实安全生产岗位职责，确保施工过程人员安全。为了预防土石方施工安全事故的发生，必须落实各级参建人员的安全生产岗位职责，切实将责任落实到人。项目主要负责人必须保证做到对施工生产的有效安全投入，切不可以牺牲生产安全或工程质量的代价来赢得经济效益。为避免生产安全事故的发生，项目必须要持重金落实对安全的投入。项目部应当科学而又合理地安排施工生产，做到不超能力、超范围、超技术规范地追求工程进度和经济效益，确保施工过程中的人员安全。

## 6. 未按要求对基坑预留坡度和未采取支护坍塌事故

2014 年 4 月 10 日 15 时 40 分左右，江苏泰州高港区滨江新城锦江路建设工程施工现场，江苏某建设有限公司（以下简称江苏建设公司）在开挖基坑作业过程中发生一起塌方事故，造成 1 人死亡，直接经济损失约 80 万元。

（1）项目基本情况

2011 年 3 月 6 日，高港区政府与某建筑集团（以下简称建筑集团）签订合作协议，按照合作协议，滨江新城建设工程总投资估算为 60 亿元，分 2 期建设。一期工程建设锦江路、临江路、滨江公园等，计划 2 年内建成，其中锦江路、临江路、海军舰艇主题公园为一期工程启动项目，计划于一年内建成。一期工程启动项目所需资金由建筑集团全额投入，并由建筑集团建设。2014 年 4 月 1 日，建筑集团与江苏建设公司签订锦江路桥梁、箱管涵、雨水防护施工劳务合同及施工现场安全管理协议，江苏建设公司负责锦江路桥梁、箱管涵、雨水防护等工程施工，对分包施工区域或作业活动的安全生产全面负责。受公司委托，安某杰代表江苏建设公司与建筑集团签订合同，并担任项目经理。至事故发生时，滨江新城一期工程启动项目已完成临江路建设。

（2）事故经过和救援情况

2014 年 4 月 2 日，工程投资方向建筑集团和工程监理单位下发了建设单位工程联系单，要求在文圣河与幸福闸之间新增一处排水管闸。

2014 年 4 月 5 日，建筑集团编制口岸段圆管涵施工方案，该方案经工程监理单位审核同意。同日，建筑集团编制圆管涵分项工程技术交底卡，建筑集团安质部夏某鹏、吴某彪对安某杰及施工人员进行安全技术交底，安某杰及施工人员在安全技术交底卡上签字确认。

2014 年 4 月 9 日晚上，安某杰租赁一台挖掘机，按照施工图要求开挖南北走向、长 50 米、深 2.4 米、底部宽 1.8 米的排水管闸基坑。开挖半小时后，考虑基坑可能渗水，基坑开挖作业停止。

2014 年 4 月 10 日上午，由于当地居民纠纷，基坑开挖未能进行。

2014 年 4 月 10 日 13 时 40 分左右，安某杰组织其雇用的挖掘机驾驶员魏某国、材料员司某之、技术员薛某东、施工员吴某、杂工司某共 5 人继续开挖基坑及砌筑作业。挖掘机在开挖基坑作业中，安某杰未按照施工方案要求对基坑预留坡度，也未对基坑采取支护防护措施。在施工过程中，建筑集团施工员李某诚在施工现场实施监护，监理部邱某元到施工现场巡视。15 时 30 分左右，基坑开挖结束，司某在基坑内整理碎石垫层；安某杰、李某诚 2 人离开施工现场，联系混凝土车辆，查看混凝土车辆行车路线；其他人员在基坑外，有的在测量基坑尺寸，有的在休息。15 时 40 分左右，司某面朝基坑西侧作业时，基坑东侧土方塌方，大量泥土将司某掩埋。

事发后，现场人员立即对被掩埋的司某身上的泥土进行清理，5

分钟后，司某头部泥土被清理，现场人员立即拨打了“120”急救电话。建筑集团项目经理李某接到事故报告后立即向高港区安全生产监督管理局上报事故情况。2014 年 4 月 10 日 17 时左右，司某经医院抢救无效死亡。

（3）事故原因分析

1）直接原因。基坑开挖过程中，施工人员未按照施工方案要求对基坑预留坡度，也未采取支护等安全防护措施，因基坑土质松动，发生坍塌事故，将在基坑中整理碎石垫层的司某掩埋。

2）间接原因如下：

①施工现场负责人违章指挥。安某杰作为项目经理，在指挥挖掘机开挖基坑作业时，未按照施工方案要求对基坑预留坡度，也未对基坑采取支护防护措施；在不具备施工安全的条件下，安排施工人员在基坑内作业。

②建筑集团施工员李某诚在基坑开挖施工现场监护时，未制止施工人员的违章行为。

③工程监理单位总监理工程师代表邱某元未严格审查分包单位项目经理、安全员等人员资质；在基坑作业现场巡视时，未制止施工人员的违章行为。

④建筑集团项目经理李某在开挖基坑作业过程中，未指派项目部专职安全管理人员对基坑作业现场进行安全巡查。

⑤施工单位未设立项目管理机构，相关人员不具备应有的资历、资格。江苏建设公司允许安某杰以其公司名义承揽工程，以包代管，未在施工现场设立项目管理机构，未安排本公司施工员、安全员等人员到施工现场实施管理，同意不具备资格的安某杰担任项目经理。

（4）事故教训和整改措施

调查组经过对事故原因的调查分析，认定这是一起因安全管理不到位、违章指挥引发的生产安全责任事故。

1）江苏建设公司应从这起事故中吸取深刻的教训，禁止以任何形式允许其他单位或者个人使用本企业的资质证书、营业执照以本企业的名义承揽工程，严禁以包代管；加强施工现场管理，建立健全安全管理体系，加强从业人员安全生产教育培训，确保相关岗位人员尽职尽责；加强施工现场的安全检查和监护力度，彻底消除施工安全事故隐患，确保安全生产。

2）建筑集团应从这起事故中吸取深刻的教训，对不具备施工许可证的工程拒绝施工；加强分包单位的资质审查，严防非法转包、违法分包行为；加强分包工程作业现场的安全检查及监护力度，对检查中发现的事故隐患，要求立即停工整改，待整改复查达到规定要求后才可恢复施工，对检查中发现违章指挥、违章操作的，应当立即制止，彻底消除施工安全事故隐患，确保安全生产。

3）工程监理单位应从这起事故中吸取深刻的教训，建设工程施工前应严格审查建筑工程施工许可证等手续；任命符合资格和具备相关工作经验的人员担任总监理工程师；加强分包工程管理，严格审查分包单位资质及相关人员资格，防止非法转包、违法分包行为；施工现场发现存在安全事故隐患的，应当要求施工单位整改，情况严重的，应当要求施工单位暂时停止施工，并及时报告建设单位。

（5）相关知识与管理借鉴

造成这起基坑坍塌人员伤亡事故的原因，主要还是施工现场负责人违章指挥，在指挥挖掘机开挖基坑作业时，未按照施工方案要求对基坑预留坡度，也未对基坑采取支护防护措施；在不具备施工安全的条件下，安排施工人员在基坑内作业，从而导致事故。

安某杰作为江苏建设公司工程项目经理，未取得职业资格证书；在施工现场违章指挥，未按照施工方案要求对基坑预留坡度，也未采取支护等安全防护措施；在不具备施工安全条件下，安排施工人员在基坑内作业，对此次事故的发生负有主要责任。

建筑施工安全工作极为重要，但是由于建筑施工作业环境复杂，工种多、工序多、投入使用的机械设备多，而且随着新工艺、新技术、新材料、新设备的不断应用，施工生产活动过程中的危险、有害因素也变得多而繁杂，因此在建筑工程施工过程中需要及时、全面、准确、系统地辨识各种危险、有害因素和重大危险源，对施工生产过程发生事故的危险性进行定性或定量分析，评价施工生产过程中发生危险的可能性及其严重程度，即评价其潜在的风险，采取积极有效的措施进行有效控制。这是施工企业安全管理人员的职责，也是工程项目部每位管理人员的职责，管理人员必须履行职责，否则发生事故后，将会受到责任的追究。

### 7. 开挖雨水井未预留坡度和未采取支护土方坍塌事故

2013 年 9 月 25 日 15 时左右，江苏某建设工程有限公司（以下简称江苏建设公司）在泰州市江苏某科技有限公司（以下简称科技公司）门前进行下水管道施工时，发生一起土方坍塌事故，造成 2 人死亡、1 人受伤，直接经济损失约 182 万元。

（1）项目基本情况

2013 年 1 月，泰州市某建设集团有限公司（以下简称泰州建设公司）将泰州经济开发区梅兰路、吴陵路等道路改造工程面向社会公开招标，江苏建设公司参与了竞标并中标。4 月 12 日，泰州建设公司与江苏建设公司签订了建设工程施工合同。2013 年 5 月 20 日，江苏建设公司将该工程中的劳务项目发包给不具备资质的唐某华个人，唐某华又将该劳务项目转包给崔某凤。

2013 年 6 月以来，江苏建设公司对吴陵南路改造施工，连续的阴雨导致科技公司下水管道排水不畅，科技公司生产车间数次被淹。该公司将情况反映至泰州经济开发区相关部门，并阻止江苏建设公司在公司门口路段施工。经泰州经济开发区建设局协调，由江苏建设公司安排施工人员负责将科技公司门前下水管道接至市政管网。

（2）事故经过和救援情况

2013 年 9 月 25 日 12 时 40 分左右，根据项目部的工作安排，崔某凤、学徒韩某以及挖掘机司机王某来到科技公司门前挖下水管槽。按照崔某凤的安排，王某先在科技公司门前非机动车道挖好一个长宽约 2 米、深约 3.3 米的垂直雨水井，然后继续向东挖掘一条宽约 0.6 米、深约 3 米的下水管槽。

14 时 50 分左右，崔某凤在垂直雨水井壁未采取支护的情况下，安排陆某芳、严某山、陆某学 3 人进入雨水井内用砖砌井。约 10 分钟后，崔某凤也进入雨水井内预埋下水管。

15 时左右，陆某芳从雨水井北侧返回地面休息。几分钟后，雨水井南井壁坍塌，大量泥土、混凝土块落入坑内，将崔某凤掩埋，严某山被埋至颈部，陆某学被埋至膝盖部位。

事故发生后，韩某、王某和陆某芳立即跳入雨水井内救人，他们先将陆某学救出。路边行人帮助拨打了“110”“120”和“119”急救电话。公安和消防救援人员到场后，将崔某凤和严某山救出。“120”救护车将崔某凤、陆某学和严某山送往医院抢救，崔某凤、严某山经抢救无效相继死亡。陆某学 3 根肋骨断裂，经抢救无生命危险。

（3）事故原因分析

1）直接原因。崔某凤在指挥挖雨水井时，未根据土质情况预留坡度，在垂直雨水井壁未采取支护等安全防护措施的情况下，安排施工人员进入雨水井作业，作业过程中因南井壁土质松动，导致坍塌事故发生。

2）间接原因。江苏建设公司将吴陵南路的路缘石拆除、修复、安装等劳务项目发包给唐某华个人，未发现并制止劳务项目被唐某华转包给崔某凤个人。施工单位安全管理不到位，相关责任人未履行安全管理职责，在挖雨水井前未制定施工方案，在挖土时既未安排施工技术人员在现场进行技术指导，也未指派专职安全员对现场实施管理，未发现并消除施工现场存在的事故隐患。

（4）事故教训和整改措施

1）施工企业应从此次事故中吸取深刻教训，严格遵守《安全生产法》《中华人民共和国建筑法》（以下简称《建筑法》）等法律法规的规定，依法进行劳务发包；应加强安全生产培训教育，提高施工人员的安全意识和操作技能；应对具有危险性的分部分项工程制定施工方案，认真落实技术交底工作；应加强施工现场安全管理，加大检查、巡查力度，及时发现并制止违法转包行为和违章作业，确保安全生产。

2）建设行政主管部门应加强市政工程安全管理，加大对市政工程施工现场的安全检查力度，严肃查处违法分包、转包行为，督促施工单位抓好施工现场的安全管理。

（5）相关知识与管理借鉴

这起事故发生后，事故调查组经过对事故原因的调查分析，认定这是一起因安全管理不到位、违章作业引发的生产安全责任事故。

调查组认为，江苏建设公司将吴陵南路的路缘石拆除、修复、安装等劳务项目发包给唐某华个人，未发现并制止劳务项目被唐某华转包给崔某凤个人，违反了《建筑法》相关规定；安全管理不到位，相关责任人未履行安全管理职责，在挖雨水井前未制定施工方案，在挖土时既未安排施工技术人员在现场进行技术指导，也未指派专职安全员对现场实施管理，未发现并消除施工现场存在的事故隐患，以上行为违反了《建设工程安全生产管理条例》（国务院令第 393 号）相关规定。江苏建设公司对此次事故的发生负有主要责任，根据《生产安全事故报告和调查处理条例》（国务院令第 493 号）第三十七条第一项的规定，建议由泰州市安全生产监督管理局对江苏建设公司处以 19 万元的罚款。

与此同时，金某强作为江苏建设公司法人代表，未认真履行安全生产工作职责，允许将工程劳务发包给不具备资质的唐某华，未对项目实施有效管理，未发现并制止项目劳务被转包，未发现并消除施工现场无人管理的生产安全事故隐患，违反了《安全生产法》相关规定，对事故发生负有主要责任，根据《生产安全事故报告和调查处理条例》（国务院令第 493 号）第三十八条第一项的规定，由泰州市安全生产监督管理局对其处以上一年年收入 30%的罚款。

## 8. 基坑边坡土体位移脚手架倒塌人员砸伤事故

2017 年 6 月 23 日 8 时许，在京沈客专京冀段九标项目 2 号拌合站新增配料机基坑内，工人在搭设脚手架作业时，发生一起坍塌事故，造成 1 人重伤，3 人轻伤。

（1）项目基本情况

1）项目建设情况。京沈客专京冀段九标段（以下简称京沈客专九标段）正线长 34. 33 千米，总投资额 29. 43 亿元。某建设集团（以下简称建设集团）中标后，成立了京沈客专九标段项目部，项目经理为杨某民，总工程师和安全总监分别为龙某和李某州。同时，项目部以内部分包的方式将该项目分包给集团 4 家下属独立法人单位，并分别签订内部分包合同。其中，该集团一公司负责京沈客专九标段部分隧道、路基附属线下工程及桥梁基础、墩台身工程及其他辅助工程的施工作业。该集团四公司负责京沈客专九标段桥梁制作及施工作业。

一公司作为2号拌合站增建工程的分包单位，成立了一工区项目部，一工区工区长为张某，总工程师为何某虎，总调度师为赵某宝。

2016年1月1日，四公司开始建设2号拌合站。2月24日，拌合站竣工。建设完成后，该拌合站设有HLS 180型自动化混凝土搅拌机1台，HLS 240型自动化混凝土搅拌机2台，生产混凝土能力约为120米$^3$/小时。

为保障一公司分包工程内隧道群混凝土供应，2017年6月3日，京沈客专九标段项目部召开增建拌合站事项推进协调会，计划在既有2号拌合站2台HLS 240型自动化混凝土搅拌机之间，增设一组HLS 240型混凝土搅拌机和6个250吨粉罐（含水泥罐3个，粉煤灰罐2个，矿粉罐1个）。该工程由一公司负责施工建设，四公司负责提供场地，计划开工日期为2017年6月10日，计划竣工日期为2017年7月30日。

2017年6月2日，一工区工程技术部向施工单位进行增建拌合站基坑开挖支护交底，交底人为郭某荣，交底审核人为何某虎，接受交底人分别为吴某贤、赵某宝及广源公司12名施工作业工人。

2）事故现场情况。事故发生地点位于北京市密云区巨各庄镇蔡家洼村京沈客专九标段项目2号拌合站厂房内西侧。开挖的基坑为“L”形。其中，拟安装斜向皮带机位置的基坑下端最低点深5.4米，基坑自西向东呈斜坡形状向下开挖，实际开挖长度19.26米，宽5.07米。配料区基坑自北向南开挖，长21.05米，宽5.86米，深3.4米。经勘验，现场坍塌位置位于配料区基坑西侧边坡，坍塌边坡长度约为5米，下方有倒塌的砖胎膜，砖胎膜砌筑高约1.57米，长约7米。基坑东侧有倒塌的脚手架及脚手板。

（2）事故经过和救援情况

2017年6月13日，一工区副工区长赵某宝组织工人使用挖掘机进行增建拌合站室外水泥储罐基础基坑开挖作业，该基坑为月牙形，宽约6.5米，外弧长38米，内弧长23米，深2.3米。6月14日至17日，工人在基础内进行绑钢筋、埋设预埋件作业，作业完毕后向基坑底部浇筑混凝土、焊钢筋等加固作业。

6月18日，赵某宝组织工人使用挖掘机进行室内斜向皮带机及配料机组基坑开挖作业，首先从斜向皮带机基坑西侧最高点位置开始向下开挖，自西向东，开挖至最低点（深度为5.4米左右）时，基坑底部出现渗水情况，因水量不大，现场设置一台水泵进行抽水作业。斜向皮带机处基坑开挖完毕后，施工人员沿垂直方向向南侧开挖，整个基坑为“L”形，作业至19日基坑开挖完毕。在基坑开挖过程中，赵某宝未按照基坑开挖支护方案组织工人对基坑边坡进行支护作业。

6月20日，京沈客专九标段项目部安质部任某强，对增建拌合站基坑作业现场进行安全检查，发现基坑边坡未按施工方案进行防护，于是对一工区下达了检查通报，要求一工区接到通报后立即进行整改，并于23日前将整改情况回复上报项目部安质部。

6月21日，因暴雨黄色预警，京沈客专九标段项目部以文件形式向各工区下达了暂时停工通知，要求暂时停止增建拌合站基础施工作业。

6月22日下午，一工区组织召开全工区暂时停工会议。17时许，赵某宝口头告知刘某暂时停止增建拌合站基坑施工作业。此时，施工单位班长吴某贤已经安排工人将增建拌合站基坑内砖胎模砌筑完毕。砖胎膜使用红机砖砌筑，厚240毫米，砌筑高度约为1.57米，长度约为7米。

6月23日7时30分左右，吴某贤带领8名工人到达增建拌合站施工现场，并安排吴某生等4人到基坑西侧距砖胎膜1米左右的位置搭设脚手架，作为溜槽支架进行浇筑混凝土作业。作业至8时左右，基坑西侧边坡土体发生位移，将砖胎膜挤倒，倒塌的砖胎膜把工人正在搭设的脚手架砸倒，脚手架将吴某生等4名工人砸伤。事故发生后，吴某贤组织现场其他工人对伤者进行施救，随后4名伤者被送至医院进行救治。

(3) 事故原因分析

1) 直接原因。基坑开挖过程中基坑事故段存在外部补水通道，土体在水的浸润下，抗剪强度大幅降低，外加土质不均匀，造成基坑边坡土体滑移。

2) 间接原因。安全管理缺失、未对从业人员进行安全生产教育培训、不服从总包单位安全生产管理、未按照基坑开挖支护方案进行增建拌合站基坑工字钢桩支护作业、监理不到位是导致事故发生的间接原因。

①建设集团安全管理缺失。一是在无设计图纸，未对基坑开挖区域进行勘察的情况下，制定基坑开挖支护方案；二是未督促从业人员严格依据本单位的基坑开挖支护方案进行基坑支护作业；三是未安排专职安全生产管理人员对危险性较大的基坑支护工程实施现场监督；四是在因暴雨预警对各工区下达临时停止施工作业通知后，对京沈客专九标段项目施工现场失管失察，未及时发现并消除工人在基坑内进行脚手架（混凝土溜槽支架）搭设作业的事故隐患。

②监理公司监理不到位。一是未督促从业人员严格执行本单位《新建北京至沈阳铁路客运专线京冀段工程施工监理JSJJJL—5标段安全监理实施细则》《试验室与拌合站验收细则》，未对现场实施有

效监理；二是未指派专人负责增建拌合站配料机基坑开挖工程的安全监理。

③施工单位未对本单位从业人员进行安全生产教育培训、不服从总包单位安全生产管理，在总包单位已下达暂时停工指令的情况下，仍冒险组织工人在基坑内进行脚手架（混凝土溜槽支架）搭设作业。

（4）事故防范和整改措施

鉴于上述原因分析，根据安全生产有关法律法规的规定，事故调查组认定，该起事故是一起生产安全责任事故。这起事故给人民生命财产带来了损失，造成了较大社会影响，教训深刻。为防止类似事故再次发生，事故调查组结合调查的情况，针对事故中暴露的问题，提出如下整改措施建议：

1）施工单位应结合本单位实际施工作业情况，切实加强对从业人员的安全教育培训工作，提高全体从业人员，尤其是现场施工作业人员的安全意识，使从业人员具备辨识作业环境所存在的危险因素的能力。同时，施工单位要严格依据各类施工方案组织施工作业，服从总包单位的统一管理，坚决杜绝“三违”行为的发生。

2）监理公司要认真落实铁路工程、建设工程相关的各类安全法规、规程和规范，结合工程项目实际情况制订监理工作计划和实施细则，严格审查施工组织设计及专项施工方案中的安全技术措施；加强对监理项目的重点、难点工序、施工阶段、节点的现场安全监理，指派专人负责危险性较大的分部分项工程的安全监理，对排查发现的问题要建立监理台账，逐项检查记录；对发现的事故隐患及时责令整改，针对重大事故隐患要及时向建设单位及主管部门上报。

3）建设集团要严格贯彻执行国家和行业的安全生产法律法规以及相关标准规范，落实总包单位安全责任，建立健全本单位的安全生产责任制，并严格督促落实，加强对项目部和内部分包单位的管理；

认真做好各类施工组织设计和专项施工方案的编制、审核、审批工作，坚决杜绝方案无针对性、与实际作业不符、审核工作流于形式等现象；务必将安全技术交底工作落到实处，督促从业人员严格执行各类安全管理制度及安全操作规程；加大安全检查力度，对于危险性较大的分部分项工程作业，必须安排专职安全管理人员进行现场监督，及时发现并消除各类事故隐患，杜绝各类违章指挥、违章作业行为，坚决遏制事故的发生。

（5）相关知识与管理借鉴

这起事故的发生，有直接原因和间接原因 2 个方面。在安全管理上，可以借鉴广东某建筑公司施工安全管理的做法，具体如下：

1）实施全员教育，提高全员的安全意识。项目部按照“管生产必须管安全”“安全生产，人人有责”的原则，明确了各管理人员、作业人员的安全生产责任，逐级签订了“责任状”。责任明确之后重点工作是考核和奖罚的兑现。项目部每月都有考核总结，奖罚分明，对于作业人员的违章行为及时在门前的违章作业牌上予以公告。

2）坚持全方位的安全管理。安全管理是一个复杂的工程，整个系统都必须处于安全状态。全方位的安全管理是及时发现隐患、消除隐患的最好方法。施工现场从安全管理资料、文明施工、基坑支护、模板工程、脚手架工程、“三宝”“四口”、施工用电、垂直运输设备、施工机具等方面落实专业管理，由专门作业班组负责实施和维护。施工现场坚持日巡查、月检查制度，发现隐患及时进行整改，把危险消除，特别是对深基坑、高支模等项目的施工，严把验收关，验收合格后才能进行下一道工序，确保施工安全万无一失。

3）注重全施工过程的本质安全。根据施工准备阶段、安全达标阶段、主体结构阶段、装饰阶段、竣工阶段的安全管理侧重不同，公司请安全专家亲临现场进行安全指导，帮助找问题，提出治理对策，并结合规范标准对施工现场的管理人员、作业班组长进行讲解，回答其提出的有关安全技术问题，指出努力方向和改进意见。特别是施工与安全发生矛盾时，公司始终坚持“先防护、后施工”的原则，从而保证了各个施工阶段、各个施工过程无重大事故隐患，无安全防护漏洞，基本消除了施工现场潜在的危险，实现了安全生产条件的本质安全。

## 9. 作业人员违章冒险拆除外墙脚手架导致的坍塌事故

2014 年 7 月 9 日 15 时 10 分左右，湖南省湘乡市行政中心项目工地发生一起脚手架较大坍塌事故，造成 3 人死亡、2 人轻伤，直接经济损失约 222 万元。

（1）项目基本情况

1）项目进展情况。2013 年 3 月 27 日，湘乡市行政中心主办公楼建设项目进行了工程招标、监理招标等工作。2013 年 3 月底，清表、地下基础开挖等配套基础工程建设开工。2013 年 5 月下旬，主办公楼开工建设。2013 年 6 月 1 日，行政中心监理部审核通过了项目建设单位某建筑公司编制的湘乡市行政中心施工组织设计方案。2013 年 9 月 14 日，项目建设单位编制的脚手架专项施工方案通过审核。至 2014 年 7 月 9 日事故发生前，该工程项目已完成主体项目施工，外墙装饰已基本完成。

2）事故脚手架拆除情况。湘乡市行政中心建设项目主办公楼整个外架搭设高度为 56.75 米，包括自然地面到水平面的 5.7 米、主体高度 49.55 米和女儿墙顶上 1.5 米。外架在 27 米以下采用双排双立杆式外架，27 米以上采用双排单立杆式外架。外墙脚手架从 5 月 12 日开始拆除。7 月 6—8 日，项目部拆除位于主办公楼南面 20 轴至 23

轴处的物料提升机；7 月 9 日（事故当天），外墙脚手架只剩下主办公楼南面 20 轴至 23 轴处 7 层以下尚未拆除。

（2）事故经过和救援情况

2014 年 7 月 9 日 13 时 30 分左右，湘乡市行政中心项目装饰公司幕墙玻璃班班组长张某安排本班组邓某宏等 3 人到主办公楼 3 楼南侧房间安装玻璃，周某平、邓某红 2 人到该楼南面 3 楼高的外架上进行玻璃清洁工作。14 时左右，劳务公司架子班班组长王某兵带领江某军、彭某霞 2 人开始拆除主办公楼南面剩余的脚手架（负一楼至 6 楼），王某兵、江某军负责拆除脚手架，彭某霞负责把架管和扣件集中搁置到架子上；项目建设单位行政中心项目部安全员陈某到脚手架拆除现场负责安全警戒工作。15 时 10 分左右，当脚手架拆至 5 楼至 4 楼时（高 12~16 米），脚手架突然产生晃动，随即向外倾倒，5 名作业人员随同脚手架倾倒至地坪上。

事故发生时，在 3 楼房间安装玻璃的邓某宏看到邓某红随脚手架一起倾倒下去，急忙拨打“120”急救电话，现场人员立即赶到事故现场组织抢救。15 时 30 分左右，“120”救护车将 5 名受伤人员送往医院急救。15 时 38 分左右，湘乡市消防大队赶到现场，对事故现场进行了清理，确认倾倒脚手架下无被困人员。17 时 12 分，王某兵、江某军、周某平经医院抢救无效相继死亡，邓某红、彭某霞受轻伤住院治疗。

（3）事故原因分析

1）直接原因。劳务公司王某兵带领架子班的江某军、彭某霞 2 人，在行政中心项目主办公楼负一楼以上的所有连墙件已被截断或拆除的情况下，违章冒险拆除该楼南面 20 轴至 23 轴交 A 轴 6 楼高外墙脚手架。装饰公司幕墙玻璃工周某平、邓某红 2 人违反公司规定在外架上作业。当整片脚手架承受不住作业人员和堆放的已拆除架管和扣件的荷载时，脚手架产生晃动、失去稳定而发生倾覆。

2）间接原因如下：

①劳务公司安全生产主体责任不落实。一是与幕墙施工作业人员在同一区域脚手架上施工，未签订安全管理协议或指定专职安全管理人员进行安全检查与协调；未健全落实安全生产责任制，架子班组与作业人员没有签订安全责任状。二是现场安全管理不到位。事故当天，安全管理人员在脚手架拆除过程中，没有及时发现脚手架连墙件被提前拆除的重大安全事故隐患，隐患排查工作不到位；也没有督促作业人员对待拆除脚手架进行安全检查。三是安全教育培训不到位。劳务公司没有按照安全生产法律法规的规定对从业人员进行安全培训教育，现场作业人员违章冒险作业的行为时有发生。

②装饰公司安全生产主体责任不落实。一是没有制定安全生产检查、隐患排查等安全管理制度；没有督促该项目部建立健全安全生产责任制；与架子工在同一区域脚手架上施工作业，没有签订安全管理协议或指定专职安全管理人员进行安全检查与协调。二是现场安全管理不到位。安全管理人员没有发现脚手架连墙件被拆除等事故隐患，隐患排查工作不到位。三是装饰公司没有按照安全生产法律法规的规定对从业人员进行安全培训教育，从业人员缺乏必要的安全知识。四是装饰公司私刻公章，冒用某建设股份有限公司建筑幕墙工程承包一级资质报备，超越本单位资质等级承包了行政中心项目的全部幕墙施工。

③项目建设单位安全生产主体责任不落实。一是没有督促在同一区域施工作业的分包方签订安全管理协议。二是现场安全管理不到位。事故当天，安全管理人员没有及时发现脚手架连墙件被提前拆除的重大事故隐患；也没有督促劳务公司、装饰公司在脚手架拆除前进行安全检查，及时排查重大事故隐患，隐患排查工作不到位。三是安

全教育培训不到位，安全管理人员缺乏必要的安全专业管理技能，未能及时排查作业现场事故隐患。四是对行政中心项目幕墙施工分包单位的资质审核不严，将该项工程发包给不具备相应资质的分包单位。

④项目监理单位安全责任落实不到位。一是现场监理人员发现脚手架连墙件被拆除后未采取加固措施，没有及时督促施工单位整改到位，也没有及时报告建设单位。二是对危险性较大的脚手架拆除施工，没有安排旁站监理。三是对施工分包单位的资质审查不严。

（4）事故教训和整改措施

为了进一步强化落实生产经营单位的安全生产主体责任，吸取事故教训，防止类似事故，针对这起坍塌事故暴露出的突出问题，特提出如下防范措施建议：

1）要加强对建设领域安全生产工作的领导，督促住建部门不断完善体制机制、完善责任体系、强化考核考评、强化监督检查、强化执行落实，真正把安全生产责任制和各项工作措施落到实处；将安全生产责任落实到基层和企业，落实到各个环节和岗位，提高整体安全生产和监督管理水平，确保生产安全。

2）强化落实安全生产责任。项目建设单位、劳务公司、装饰公司要切实落实企业安全生产主体责任。一是要建立健全安全生产责任制，层层明确单位主要负责人、项目负责人、安全管理人员、施工员及各劳务班组长、作业人员的安全生产职责。二是企业各级主要负责人要依据安全生产法律责任的规定落实安全管理人员的责任；项目部安全员要认真履行职责，不得以任何理由从事与安全生产无关的工作。三是总承包施工单位要认真审查分包单位的资质，确保施工分包单位具备合法有效的施工资质，各分包单位应当遵纪守法，不得采用不正当手段违法违规承揽施工业务。

3）强化安全现场管理。一是项目建设单位、劳务公司要加强施工现场重大危险源的监控，加大隐患排查力度，重点排查脚手架搭设、拆除等危险性较大工程存在的事故隐患。二是要加强对劳务分包单位和关键岗位人员到岗履职情况的检查，做到定责定岗定人，符合相关法律法规等的规定，消除安全管理漏洞。三是各参建单位、监理单位要强化施工组织设计（特别是安全保证计划）和专项方案等技术措施的实施力度，及时消除施工现场的安全隐患，确保生产安全。

4）强化安全教育培训。项目建设单位、劳务公司及装饰公司要依据有关法律法规的规定，加大从业人员的安全教育培训力度，促使从业人员全面了解本项目危险场所的安全防范措施、熟悉各工种的安全操作规程，提高从业人员必要的安全专业技能和自我保护意识，杜绝违章冒险作业等违规行为。

（5）相关知识与管理借鉴

这起事故的发生，很大程度在于交叉作业。建筑施工中经常会发生交叉作业的情况，由于作业人员通常只关注自己的工作，而忽视对方的工作，从而导致事故。故此，在安全管理方面应注意以下事项：

1）施工中应尽量减少交叉作业。必须交叉时，施工负责人应事先组织交叉作业各方，商定各方的施工范围及安全注意事项；各工序应密切配合，施工场地尽量错开，以减少干扰；无法错开的垂直交叉作业，层间必须搭设严密、牢固的防护隔离设施。

2）交叉作业通道应保持畅通。

3）在夜间和光线不足的地方禁止进行交叉作业。

4）有危险的出入口处应设围栏或悬挂警告牌。

5）交叉作业时，工具、材料、边角余料等严禁上下投掷，应用工具袋、箩筐或吊笼等吊运。吊物下方严禁站人或逗留。

6）支模、粉刷、砌墙等各工种进行上下立柱交叉作业时，不得在同一垂直方向上操作。下层作业的位置，必须处于依上层高度确定的可能坠落范围半径之外。不符合以上条件时，应设置安全防护层。

7）在日常路线交叉作业面，应安排交通疏导人员，指挥疏导交通，不造成交通堵塞，以保证路线交通安全通畅。

8）路线交叉施工，交叉上方作业面应加设安全保护网，设置扶拦杆、挡脚板。

## 10. 拆除脚手架违反技术规范冒险作业导致坍塌事故

2018 年 5 月 30 日 9 时许，江苏省常州市天宁区郑陆镇南苑公寓 13 号楼工地发生一起建筑施工脚手架坍塌事故，造成 1 人死亡，直接经济损失 110 万元。

（1）项目基本情况

2017 年 5 月 27 日，牟家村委与承某清签订了南苑公寓 13 号楼建筑安装施工合同，确定了工程总承包人为承某清。2017 年 6 月，总承包人承某清通过口头约定的形式，将脚手架工程分包给某钢管出租站（以下简称钢管站）。2018 年 3 月 6 日，钢管站法定代表人朱某卫与丁某军签订脚手架施工班组协议与劳务分包安全合同，将脚手架工程的劳务分包给丁某军。丁某军为自然人，持有建筑施工特种作业操作资格证。丁某军又采用口头约定的形式，将脚手架工程的劳务分包给周某印。周某印为自然人，持有建筑施工特种作业操作资格证。

2017 年 5 月，南苑公寓 13 号楼脚手架搭建工程开始作业，2017 年 9 月搭建完毕。2018 年 5 月 29 日开始拆除脚手架，计划 3 天内拆除完毕。丁某军和周某印安排朱某德等共 9 名施工人员拆除脚手架，并一起参与施工。

（2）事故经过和救援情况

2018 年 5 月 30 日 9 时许，位于南苑公寓 13 号楼北侧东单元雨篷的脚手架上，朱某德正在给拆除的脚手架钢管绑钢丝绳，并配合塔吊进行吊装作业。该处脚手架搭设在雨篷上，为开口形脚手架（东侧脚手架没有闭合），无纵向扫地杆、无剪刀撑、无连墙件，脚手架搭建与拆除均违反《建筑施工扣件式钢管脚手架安全技术规范》有关规定要求，整体稳定性较差。同时，脚手架上堆放了待吊装的 60 根 6 米长钢管，此时该部位的脚手架处于向东侧失稳的临界状态。朱某德在 60 根钢管的西侧绑好钢丝绳后，沿脚手架向东侧移动的过程中，对脚手架立杆产生扰动，最后导致该部位脚手架失稳，向东侧坍塌。朱某德被坍塌的脚手架砸伤。

事故发生后，现场工人立即拨打“120”急救电话，救护车将朱某德送至医院抢救。5 月 30 日 17 时许，朱某德经抢救无效死亡。

（3）事故原因分析

1）直接原因。脚手架搭建与拆除违反《建筑施工扣件式钢管脚手架安全技术规范》，建筑施工人员冒险作业，是造成这起事故的直接原因。

2）间接原因如下：

①钢管站作为脚手架施工单位，无建筑脚手架施工资质，违反《建筑法》相关规定，未制定施工方案，施工前未进行安全技术交底，无事故防范措施，是造成这起事故的间接原因之一。

②总承包人无建筑施工资质，违反《建筑法》将脚手架工程分包给无资质的单位，对脚手架施工单位现场安全管理不到位，是造成这起事故的管理原因。

（4）事故教训和整改措施

脚手架坍塌一般事故教训是深刻的，相关单位要认真反思，举一反三，通过事故原因和事故教训分析，完成如下整改要求：

1）天宁区郑陆镇要加强对辖区内企业安全生产工作的监督管

理，督促企业落实安全生产主体责任，加大对企业安全生产检查特别是建筑施工的监督检查，确保企业安全生产责任制落到实处。

2）天宁区建设主管部门要严格贯彻落实“管行业必须管安全”，切实提高对安全生产重要性的认识，牢固树立安全发展理念，下大力气加强建筑安全监管工作，坚决打击非法违法建设生产经营行为，严防事故发生。

3）建设单位要遵守国家法律法规，进一步加强安全生产意识，认真审核施工单位资质，加强对项目施工现场的安全管理，强化对项目施工人员的安全教育培训，提高施工人员生产安全事故防范的能力，加强管理人员对相关法律法规以及安全生产知识的学习，避免再次出现安全生产事故，保证从业人员的生命财产安全。

（5）相关知识与管理借鉴

经调查取证和事故原因分析，事故调查组认为这是一起严重违反《安全生产法》《建设工程安全生产管理条例》等法律法规，建设单位违法发包，施工单位无资质，层层转包，脚手架施工单位现场安全管理不到位，现场施工人员冒险作业而导致的事故。

脚手架拆除需要注意以下事项：

1）作业前，应对脚手架的形状，包括变形情况、杆件之间的连接、与建筑物的连接、支撑情况以及作业环境进行检查。

2）按照作业方案进行分工和拆除。

3）排除障碍物，清理脚手架上的杂物。拆除之前，划定危险作业范围，并设置围栏，设监护人员。

4）拆除作业时，地面设专人指挥，按要求统一进行。拆除程序与搭设程序相反，先搭的后拆除，自上而下逐层进行，禁止上下同时作业。

5）拆除顺序应沿脚手架交圈进行。分段拆除时，高差应不大于两步，以保持脚手架拆除过程中的稳定。立面拆除时，应先在脚手架暂时不拆除部分的两端增设横向斜撑，先行加固后再进行拆除。拆剪刀撑时，应先拆除中间扣件，然后拆除两端扣件，防止因积累变形发生挑杆。

6）连墙件不得提前拆除，在逐层拆除到连墙件部位时，方可拆除。在最后一个连墙件拆除之前，应先在立杆上设置抛掌后进行，以保证立杆拆除中的稳定性。

7）拆除作业中应随时注意作业位置的可靠性，挂牢安全带。不准将拆除的杆件、扣件、脚手板等向地面抛掷。

8）地面人员与拆除作业人员紧密配合，将拆下的杆件等按品种、规格码放整齐。

## 11. 屋架存在设计缺陷承载力不足导致钢架坍塌事故

2011 年 8 月 30 日，在北京市朝阳区东坝乡的七棵树创意园区内发生一起坍塌事故，事故造成 1 人死亡、1 人重伤，直接经济损失约 68 万元。

（1）项目基本情况

北京某摄影公司（以下简称摄影公司）七棵树摄影基地修补工程项目，位于北京市朝阳区东坝乡七棵树创意园区内，原建筑为单层空旷房屋，建筑面积约为 2 000 平方米。该房屋管理单位为北京某物流有限责任公司，2011 年 5 月房屋由摄影公司承租，并签订房屋租赁合同。2011 年 5 月，承租单位（摄影公司）委托河南省某建筑工程有限公司进行改造工程，将其改造为二层摄影棚，并签订了施工协议书，其中屋面岩棉夹芯板（以下简称屋面板）由改造施工单位委托北京某轻钢彩板有限公司（以下简称轻钢公司）提供、运输、安装，并签订了合同书。

（2）事故经过和救援情况

2011 年 8 月 30 日下午，在七棵树摄影基地修补工程工地，轻钢公司工人配合租用的汽车吊将屋面板吊运到屋顶。15 时许，当吊完 2 车（共 64 块屋面板）后，该屋顶钢架垮塌，同时垮塌的钢架将南侧墙体向内侧拉倒，并将正在二层地面上作业的工人彭某、庞某砸伤。彭某后经现场抢救无效死亡，庞某被送往医院治疗，经诊断两节椎体骨折，属重伤。

（3）事故原因分析

1）直接原因。屋架自身存在设计缺陷，承载力不能满足国家现行设计规范的要求，在屋顶堆积的多层屋面板作用下，屋架上弦杆承载力不足，从而导致事故。

经调查，改造施工单位项目现场负责人祖某，未安排具有专业设计资质的单位按照国家相关设计规范对库房顶部结构进行设计，在未向公司汇报的情况下，擅自安排不具备设计能力的工人杨某参照相邻房屋顶部进行设计。

2）间接原因如下：

①改造施工单位项目经理祖某，对施工现场的安全生产工作督促、检查不到位，没有及时发现并消除施工现场屋架自身存在设计缺陷的生产安全事故隐患。

②改造施工单位作为七棵树摄影基地修补工程的设计单位，没有按照法律法规和工程建设强制性标准进行设计。

（4）事故教训和整改措施

这是一起由于没有按照法律法规和工程建设强制性标准进行设计导致存在设计缺陷，安全管理工作不到位而引发的生产安全责任事故。相关单位应从事故中吸取的教训如下：

1）建设单位应该严格按照国家相关法律法规要求，将工程设计交由具有相应资质的单位承担。

2）施工单位应严格执行安全生产检查制度，对各个生产环节的隐患进行排查，及时发现存在的隐患并予以消除。

（5）相关知识与管理借鉴

这起事故的发生有 2 个因素：一个是项目现场负责人擅自安排不具备设计能力的工人杨某，参照相邻房屋顶部进行设计，所设计的屋架自身存在设计缺陷，承载力不能满足国家现行设计规范的要求；另一个是在屋顶多层屋面板作用下，屋架上弦杆承载力不足，从而导致屋架发生坍塌。

施工现场是施工生产不安全因素的集中点，其特点是多工种立体作业，生产设施的临时性、作业环境的多变性和人机的流动性。人的不安全行为和物的不安全状态都是酿成事故的重要原因。

在施工现场的安全管理中，现场负责人一定要尽职尽责，不能违法违规，在生产活动中，要针对生产特点，对生产要素采取管理措施，有效地控制不安全因素的发展与扩大，把可能发生的事故消灭在萌芽状态。施工安全无小事，要始终把施工安全生产工作放在最重要的位置，作为最主要的工作来抓。切实加强领导，明确施工安全生产职责，强化施工安全管理，切实提高施工安全生产管理水平和施工现场的安全生产文明施工水平，确保安全，关爱生命。安全管理的内容是对生产中的人、物和环境因素状态的管理，应有效地控制人的不安全行为和物的不安全状态，消除和避免事故。

### 12. 作业面施工总荷载超过高支模承载力坍塌事故

2013 年 11 月 20 日 18 时 20 分许，湖北省襄阳市某国际大酒店及附属商业用房建筑工地，发生一起高大模板支撑系统（以下简称高支模）坍塌事故，造成7人死亡、5人受伤，直接经济损失约550万元。

（1）项目基本情况

襄阳市某国际大酒店及附属商业用房项目（以下简称酒店项目）位于南漳县凤凰大道1号，建设规模为兴建一栋17层客房式酒店及二栋25层（设计为23层、24层）公寓式酒店，占地面积17 575平方米，总投资1.5亿元。附属商业用房由原设计二栋23层、24层变更为一栋5层裙楼。

发生事故的地点位于5层裙楼内的天井，天井长19.5米、宽17米、高29.8米（设计高22.47米），天井原设计为轻钢网架玻璃结构顶棚，后由建设方擅自变更为钢筋混凝土顶板。天井的高大模板支撑系统施工没有严格遵循安全技术规范和专项方案规定，事故发生时天井顶板正在实施混凝土浇筑施工。

天井顶板高支模作业面积为331.5平方米，梁、板钢筋模板重55.81吨，梁板混凝土浇筑约200吨，事发时作业面施工总荷载为7.6千牛/米$^2$。混凝土浇筑施工工序为2013年11月20日9时许浇筑了4个大柱子，分别为C轴交12轴、D轴交10轴、D轴交11轴、C轴交9轴。14时许开始由南向北浇筑除D轴交9轴以外的其他5根柱子和梁、板。18时10分许，由于混凝土泵车泵管延伸不到西北角的D轴交9轴的柱子和附近的梁（约20平方米的梁板未浇筑），改为混凝土泵车和塔吊吊料斗配合浇筑。18时20分许，作业面有13人，泥工段某成正站在C轴交10轴附近用双手抓住塔吊吊住的混凝土料斗实施浇筑（事发时因抓住料斗未坠落，及时呼叫塔吊司机将其吊至安全处）。

（2）事故经过和救援情况

2013年11月20日9时左右，酒店附属商业用房天井顶层，项目负责人及安全员衡某辉、技术负责人赵某峰组织施工人员开始实施高支模混凝土浇筑，先利用塔吊和料斗吊装混凝土浇筑 C、D 轴的 4 个大柱子，14 时左右，开始利用泵车浇筑 B 轴 4 个柱子和 D 轴交 12 轴的柱子，16 时左右，从 B 轴交 11 轴区间浇筑梁、板混凝土。

18 时 20 分许，赵某峰、黄某国和 11 名工人正在作业面上用料斗配合泵车施工，当泥工段某成站在 C 轴交 10 轴区间用双手抓住塔吊吊住的料斗由南向西北角实施浇筑时，忽然感觉双脚悬空，看见作业面 C 轴交 11 轴区间先塌陷下去，其他 12 人随整个作业面瞬间坠落，造成 7 人当场死亡，5 人受伤。

事故发生后，项目相关人员开展应急救援和善后处置工作，至 21 日 11 时，12 名伤亡人员全部被救出，22 日零时左右，事故现场全部清理完毕，确认无其他被埋人员，救援工作结束。

（3）事故原因分析

据对整个作业面已浇筑的混凝土质量及模板、钢筋等施工荷载计算，事故发生时作业面的施工总荷载超过高支模的实际承载力，从而导致高支模先从大梁比较集中、施工荷载比较大的 C 轴交 11 轴区间坍塌，作业面上 12 人瞬间坠落。经调查认定，事故原因为高支模的实际承载力无法达到施工总荷载的要求。

（4）事故教训和整改措施

1）建筑企业要进一步强化法律意识，认真落实安全生产主体责任，建立健全安全管理制度，加强对危险性较大的分部分项工程安全管理，将安全生产责任落实到岗位，落实到人头，做到安全投入到位、安全培训到位、基础管理到位、应急救援到位，积极开展以岗位达标、项目达标和企业达标为重点的安全生产标准化建设，自觉规范建筑施工安全生产行为，严守法律底线，确保安全生产。

2）施工单位要在危险性较大的分部分项工程施工前，编制专项施工方案，对超过一定规模的危险性较大的分部分项工程，要组织专家对专项方案进行论证；不违法出借资质证书或超越本单位资质等级承揽工程，不违法转包、分包工程，不擅自变更工程设计或不按设计图纸施工；按规定配备足够的安全管理人员，严格现场安全施工，尤其要加强对危险性较大的分部分项工程的安全管理。

3）监理单位要严格履行现场安全监理职责，按需配备足够的、具有相应从业资格的监理人员，强化对危险性较大的分部分项工程的监理。各参建单位要严格落实建筑施工起重机械和脚手架的安装、使用和拆除等各环节的有关规定和技术规范。严格落实特种作业人员持证上岗规定，严禁违规操作、违章指挥。

4）加强安全培训，提升本质安全。加强企业从业人员和安全管理人员的安全教育与培训工作，不断提升本质安全。通过开展行之有效的宣传教育活动，让广大建筑施工企业和从业人员切实增强安全生产责任意识。要因地制宜地开展安全技术和操作技能教育培训，尤其要落实起重机械、脚手架等特种作业人员的培训考核，认真做好经常性安全教育和施工前的安全技术交底工作。要加强对起重机械、脚手架重点设备和高空作业、现场监理、安全员等重点岗位人员的教育管理和监督检查，严格实行特种作业人员必须经培训考核合格，持证上岗制度。

（5）相关知识与管理借鉴

这起事故发生后，经事故调查组调查确认，事故的发生与事故发生前管理人员的麻痹大意、违章指挥、忽视安全直接相关。

2013 年 11 月 20 日上午，施工现场在实施混凝土浇筑前，项目技术负责人赵某峰和项目总监刘某章在明知该分部分项工程没有按照《危险性较大的分部分项工程安全管理办法》（建质〔2009〕87 号）和《建筑施工模板安全技术规范》（JGJ 162—2008）的要求组织编制高支模的安全专项施工方案的情况下，也未确认高支模是否具备混凝土浇筑的安全生产条件，未签署混凝土浇筑令，未制定和落实模板支撑体系位移的检测监控及施工应急救援预案等安全保证措施，便开始实施混凝土浇筑。

18 时 20 分许，混凝土浇筑到 C、D 轴交 9、10 轴，梁板浇筑将近完成 90%。据对整个作业面已浇筑的混凝土质量及模板、钢筋等施工荷载计算，此时作业面的施工总荷载超过高支模的实际承载力，导致高支模先从大梁比较集中、施工荷载比较大的 C 轴交 11 轴区间坍塌，作业面上 12 人瞬间坠落。

按照施工要求，高支模技术方案的编制应根据现行国家和行业的有关规范、标准和规定，结合工程实际情况进行。技术方案应有计算书，计算书应包括施工荷载计算、模板及其支撑系统的强度、刚度、稳定性、抗倾覆等方面的验算，支撑层承载的验算。对已重复使用多次的模板支撑材料，应做必要的强度测试，技术方案应以材料强度实测值作为计算依据。高支模施工应严格按经审批的技术方案进行，技术方案未经原审批部门同意，任何人不得修改变更。

还应注意的事项如下：

1）高支模施工现场应搭设工作梯，作业人员不得从支撑系统爬上爬下。

2）支模搭设、拆除和混凝土浇筑期间，无关人员不得进入支模底下，并由安全员进行现场监护。

3）混凝土浇筑时，施工单位应派专人观察模板及其支撑系统的变形情况，发现异常现象时应立即暂停施工，迅速疏散人员，待排除险情后方可复工。

## 四、机械伤害事故

机械伤害是指机械设备与工具引起的绞、辗、碰、割、戳、切等伤害。机械伤害事故是建筑施工中比较常见的事故，容易导致伤害的机械主要有木工机械、钢筋加工机械、装饰工程机械（机具）、搅拌机、打桩机以及各种起重运输机械等。

施工机械所造成的事故，从伤害形式上主要有机械转动部分造成的绞、碾和拖带等伤害，机械工作部分造成的砸、轧、撞、挤等伤害，机械部件飞出、机械失稳、倾覆等情况造成的伤害，违章操作、误操作造成的伤害等。

机械伤害事故发生的原因主要有以下几个方面：

(1) 安全防护措施不完善

施工机械的安全防护，包括单台机械的安全防护与多台机械的安全防护。在施工现场的特定环境中，大量的施工机械集中在一起，机械与机械之间必然会互相影响，如果施工场地狭窄必然会进一步加剧其相互之间的影响，在编制施工方案和实施作业时考虑不周，或者安全防护措施存在漏洞，就会造成机械伤害事故。这种事故一旦发生，通常是比较严重的伤亡事故。

(2) 违章操作、误操作以及冒险作业

这种事故在施工中最为多见，主要是操作者缺乏安全操作知识或者违反安全管理规程所造成的。例如，违反特种作业人员必须经考核合格后上岗的规定，让不具备资格的人员上岗操作；违反《建筑机械使用安全技术规程》的有关规定，在机械设备运行和运转中进行维修、保养、调整作业等。

(3) 机械设备故障

在建筑施工中，施工单位不顾条件抢工期、抢进度，造成机械设备超负荷运行或带病运行，给事故的发生创造了条件，许多事故都是机械设备的故障引起的。

(4) 安全管理上存在问题

一些施工企业机械管理水平低下，重使用、轻维修，拼设备、拼机具的问题突出，造成机具完好率不高。有些自制机具质量差、安全事故隐患多。有些低资质施工企业为了降低成本，购买了大中型企业淘汰的、落后的、安全性能差的机械设备，造成机械设备本质上的不安全，容易导致机械伤害事故的发生。

除了这几个原因外，一些施工企业（项目部、施工队）的施工人员不稳定，机械设备的操作和使用人员变化频繁，常出现不按照安全操作规程和规范正确使用各类机械的情况，以及对从业人员安全教育不够，也是造成事故发生的重要原因。

## 1. 操作旋挖钻机移位行走失衡侧翻机械伤害事故

2014 年 4 月 28 日 19 时 30 分左右，河北省邯郸市某岩土工程有限公司飞宇大厦项目部发生一起机械伤害事故，造成 1 人死亡、1 人受伤，直接经济损失约 85 万元。

（1）项目基本情况

2014年1月8日，邯郸市某岩土工程有限公司（以下简称邯郸岩土公司）与某岩土工程公司签订了飞宇大厦基坑支护及降水工程施工合同，承揽了飞宇大厦基坑支护及降水工程中的部分支护桩施工业务。

（2）事故经过和救援情况

2014年4月28日19时30分左右，邯郸岩土公司飞宇大厦基坑支护及降水工程项目部在护坡桩施工中，2号履带式旋挖钻机操作员武某兵，操作旋挖钻机进行移位行走时突然侧翻（旋挖钻机在工作状态时钻桅升起高度为18米），武某兵被甩出操作（驾驶）室后，被旋挖钻机操作（驾驶）室上部压住。同时，旋挖钻机钻桅将西侧一间临时板房砸压变形，造成板房内工人李某强被困。

事故发生后，现场作业的人员立即展开救援，并拨打了“120”“119”电话请求救援。20时左右，被困人员李某强被救出；20时30分左右，压在钻机下的操作员武某兵被救出。二人先后被送往医院急救。武某兵经医院抢救无效死亡，李某强轻伤，留院观察后出院。

（3）事故原因分析

1）直接原因。操作员武某兵在操作旋挖钻机移位行走时，违章作业，导致钻机左侧履带压入刚施工完毕的虚桩软土坑中，使旋挖钻机失衡侧翻，将在钻机操作室内作业的武某兵甩出后压在操作（驾驶）室上部下方，致使其死亡。

2）间接原因如下：

①旋挖钻机移位时，施工班班长未按规定安排人员进行监护。

②施工项目部安全管理制度不落实，未对钻孔桩（虚坑）进行覆盖并设立醒目标识。

③企业安全生产主体责任落实不到位。

（4）事故教训和整改措施

事故调查组认定，这起事故是一起因钻机操作员违反《旋挖钻机安全操作规程》作业而造成的生产安全责任事故。

1）事故单位要深刻吸取事故教训，举一反三，立即对施工现场开展全面的安全事故隐患排查整治，对检查中发现的问题要坚决整改到位，对现场所有打过的桩位要及时回填并设立醒目标识，确保后续施工安全，杜绝类似事故再次发生。

2）事故单位要切实加强对所属员工的安全教育，制定并落实好各项安全管理制度，未经安全教育培训合格的，不得上岗作业。施工前要对作业人员做好安全交底和危险告知，进行安全确认。

3）事故单位要严格执行安全管理制度和安全操作规程，对所属人员的安全措施落实情况进行全程监督检查，及时发现、制止并纠正违章作业特别是习惯性违章作业，切实提高所属人员在施工中的安全意识、整体素质和过硬技术。

（5）相关知识与管理借鉴

这起事故涉及旋挖钻机。旋挖钻机是一种适合建筑基础工程中成孔作业的施工机械，主要用于砂土、黏性土、粉质土等土层施工，在灌注桩、连续墙、基础加固等多种地基基础施工中得到广泛应用，可以满足各类大型基础施工的要求。

履带式旋挖钻机安全操作要求如下：

1）旋挖钻机作业区内应无高压线路。作业区应有明显标识或围栏，非工作人员不得进入。在打桩施工过程中，操作人员必须在距离桩中心5米以外监视。

2）机组人员登高检查或维修时，必须系安全带，工具和其他物件应放在工具包内，高空人员不得随意向下抛物。

3）旋挖钻机的安装场地应平坦坚实，当地基承载力达不到规定的压应力时，应在履带下铺设路基箱或30毫米厚的钢板，其间距不得大于300毫米。

4）旋挖钻机的安装、拆卸应按照出厂说明书规定程序进行。用伸缩式履带的旋挖钻机，应将履带扩张后方可安装。履带扩张应在无配重的情况下进行，上部回转平台应转到与履带呈90°的位置。

5）立柱底座安装完毕后，应对水平微调液压缸进行试验，确认无问题时，再将活塞杆缩进，并准备安装立柱。

6）立柱安装时，履带驱动轮应置于后部，履带前倾覆点应采用铁楔块填实，并应制动住行走机构和回转机构，用销轴将水平伸缩臂定位。在安装垂直液压缸时，应在下面铺木垫板将液压缸顶实，并使主机保持平衡。

7）安装立柱时，应按规定扭矩将连接螺栓拧紧，立柱支座下方应垫千斤顶并顶实。

8）立柱竖立前，应向顶梁各润滑点加注润滑油，再进行卷扬筒制动试验。试验时，应先将立柱拉起300~400毫米后制动住，然后放下，同时应检查并确认前后液压缸千斤顶牢固可靠。

9）立柱的前端应垫高，不得在水平以下位置扳起立柱。当立柱扳起时，应同步放松缆风绳。当立柱接近垂直位置，应减慢竖立速度。扳到75°~83°时，应停止卷扬，并收紧缆风绳。再装上后支撑，用后支撑液压缸使立柱竖直。

10）安装后支撑时，应有专人将液压缸向主机外侧拉住，不得撞击机身。

11）连接桩锤与桩帽的钢丝绳张紧度应适宜，过紧或过松时，应予调整，拉紧后应留有200~250毫米的滑出余量，并应防止绳头插入汽缸法兰与冲击块内损坏缓冲垫。

12）拆卸应按与安装时相反程序进行。放倒立柱时，应使用制动器使立柱缓缓放下，并用缆风绳控制，不得不加控制地快速下降。

13）使用双向立柱时，应待立柱转向到位，并用锁销将立柱与基杆锁住后，方可起吊。

14）旋挖钻机带锤行走时，应将桩锤放至最低位。行走时，驱动轮应在尾部位置，并应有专人指挥。

15）在斜坡上行走时，应将旋挖钻机重心置于斜坡的上方，斜坡的坡度不得大于5°。在斜坡上不得回转。

16）严禁吊桩、吊锤、回转或行走等工作同时进行。

17）作业中，当停机时间较长，应将桩锤落下垫好，检修时不得悬吊桩锤。

18）遇有雷雨、大雾和六级以上大风等恶劣天气时，应停止一切作业。当风力超过七级或有风暴警告时，应将旋挖钻机顺风向停置，并应增加缆风绳，或将桩立柱放倒在地面上，立柱长度在27米及以上时，应提前放倒。

19）作业后，应将桩锤放在已打入地下的桩头或地面垫板上，将操纵杆置于停机位置，起落架升至比桩锤高1米的位置，锁住安全限位装置，并应使全部制动生效。

20）作业后，应将打桩机停放在坚实平整的地面上，将桩锤落下垫实，并切断动力电源。

## 2. 泵车作业时右前支腿下陷失稳导致的伤害事故

2016年10月20日8时30分许，在由江苏省无锡市某建设发展有限公司（以下简称无锡建设公司）承建的90号地块开发建设项目三期工程工地，无锡某混凝土制品有限公司（以下简称混凝土公司）在进行混凝土泵送作业时发生一起机械伤害事故，造成2名作业人员受伤，其中1名作业人员经医治抢救无效于当晚死亡。

（1）项目基本情况

无锡建设公司承建的90号地块开发建设项目三期工程，位于原无锡市北塘区江海路与会岸路交叉口东北侧，项目建设单位为无锡某房地产开发有限公司。工程内容为地块上共6幢楼房的土石方、桩基、土建、安装等。总建筑面积148 175.42平方米，施工总承包单位为无锡建设公司。2015年9月，无锡建设公司组建施工项目部进场施工，主要施工力量为1个瓦工班组、2个木工班组和2个钢筋工班组。至2016年10月20日事故发生，工程进度为完成全部施工量的70%。

（2）事故经过和救援情况

2016年10月18日，根据施工进度安排，施工员向混凝土公司报送了10月20日工地11号楼附楼二层楼面浇筑混凝土的方案，并说明了所需混凝土的工作量及泵送混凝土所需泵车管架的长度。

2016年10月20日7时许，混凝土公司派遣泵车操作工蔡某宗（持证作业）和混凝土泵车驾驶员张某坤（持证作业）驾驶混凝土泵车到达施工现场，蔡某宗和张某坤根据泵送作业现场条件选定了泵车停车位置，车头朝向作业楼面，然后开始架设泵车支腿。在施工现场其他作业人员的协助下，蔡某宗将随车携带的两块枕木中的一块垫入了泵车右后支腿下，将项目部提供的临时用木板垫入了右前支腿下；张某坤则将一块项目部提供的临时用木板垫入了泵车左前支腿下，泵车左后支腿未使用垫木支垫。随后蔡某宗上到作业楼面，遥控泵车支架伸至浇筑作业处，并操作泵车进行空操作，将混凝土输送管路打通。

8时许，泵送作业开始，项目部瓦工班组作业人员肖某高、潘某荣手扶泵车输送管顶端布料管进行浇筑。8时30分许，正在作业的混凝土泵车右前支腿突然顶穿下垫的木板，陷入木板下方的普通泥质地面，泵车发生倾斜，泵车布料管及臂架摆动并分别击中肖某高头部及潘某荣腰部，致其2人受伤。正在作业现场的瓦工班班组长立即拨打“120”急救电话，并指挥其他作业人员将2名伤者抬至地面，赶至现场的“120”急救车将2名伤者送至医院医治。肖某高经抢救无效于当晚死亡，潘某荣确诊为腰部轻微骨折。

（3）事故原因分析

1）直接原因。混凝土公司泵车操作工蔡某宗使用临时用木板支撑泵车右前支腿，泵车作业时右前支腿下方局部土体在集中重载荷作用下产生变形，木板瞬间被冲切破坏，泵车右前支腿下陷，造成泵车失稳，臂架下压摆动，击伤施工人员。

2）间接原因如下：

①混凝土公司安全管理存在漏洞，对外派混凝土泵车及作业人员进行混凝土泵送作业安全管理缺失，未依法督促检查泵送作业操作工严格按照泵车使用说明书和操作规程进行作业的情况，未能及时发现和纠正蔡某宗等作业人员使用强度和刚度严重不足的木板进行泵车支腿垫护的违章行为。这是本起事故发生的主要原因。

②无锡建设公司安全管理存在薄弱环节，作为工程承建单位，对施工现场进行的混凝土泵送作业安全管理不到位，既未开展对进入施工现场泵送混凝土作业人员的安全教育，也未督促检查泵送混凝土作业人员严格执行操作规程的情况，未能及时纠正蔡某宗等作业人员使用强度和刚度严重不足的木板进行泵车支腿垫护的违章行为，这是本起事故发生的重要原因。

综上所述，该起事故是一起因施工现场安全管理缺失而引发的生产安全责任事故。

（4）事故教训和整改措施

1）混凝土公司要深刻吸取事故教训，根据本企业生产经营实际，进一步明确混凝土泵车泵送混凝土作业的安全操作规程，加强对泵送现场安全操作规程执行情况的监督检查，确保操作规程落到实处。

2）无锡建设公司要加强对混凝土浇筑作业的安全管理，严格进行作业人员的安全教育和安全技术交底工作，切实提高作业人员的安全意识和操作能力；要强化对作业现场的检查和巡查，落实各项安全管理措施，确保相关操作规程执行到位，切实提高公司事故防范能力。

（5）相关知识与管理借鉴

这起事故涉及混凝土泵车。混凝土泵车是利用压力将混凝土沿管道连续输送的机械，由泵体和输送管组成，按结构形式分为活塞式、挤压式、水压隔膜式。

混凝土泵车是在载重汽车底盘上进行改造而成的，它是在底盘上安装运动和动力传动装置、泵送和搅拌装置、布料装置以及其他一些辅助装置。混凝土泵车的动力通过动力分动箱将发动机的动力传送给液压泵组或者后桥，液压泵推动活塞带动混凝土泵工作。泵车上的布料杆和输送管，将混凝土输送到一定的高度和距离。

在混凝土泵车操作中，要注意以下事项：

1）泵车就位地点应平坦坚实，周围无障碍物，上空无高压输电线。泵车不得停放在斜坡上。

2）泵车就位后，应支起支腿并保持机身的水平和稳定。当用布料杆送料时，机身倾斜度不得大于3°。

3）泵车就位后，泵车应打开停车灯，避免碰撞。

泵车作业前的检查项目应符合下列要求：

1）燃油、润滑油、液压油、水箱添加充足，轮胎气压符合规定，照明和信号指示灯齐全良好。

2）液压系统工作正常，管道无泄漏；清洗水泵及设备齐全良好。

3）搅拌斗内无杂物，料斗上保护格网完好并盖严。

4）输送管路连接牢固，密封良好。

## 3. 司机清洗泵车不慎滑落至旋转料斗内机械伤害事故

2013 年 7 月 14 日 17 时左右，由江苏某建设集团有限公司（以下简称江苏建设公司）承建的石家庄中山西路 363 号锦绣华庭项目发生一起机械伤害事故，造成 1 人死亡，直接经济损失约 77 万元。

（1）项目基本情况

锦绣华庭 2 号住宅楼位于中山西路 363 号。该工程地下 3 层，地下 2、3 层平时为储藏室，地上 25 层，框架剪力墙结构。总建筑面积为 19 039. 4 平方米，其中地上 16 871. 1 平方米，地下 2 168. 3 平方米，基底面积 725. 1 平方米，造价约为 1 800 万元。建设单位为石家庄某房地产开发有限公司，监理单位为河北某工程项目管理有限公司，施工单位为江苏建设公司石家庄分公司。

因施工需要，施工单位租用吴某增个人的一台泵送混凝土车（生产厂家为长沙某工程机械有限公司）为锦绣华庭 2 号住宅楼输送商品混凝土。事故发生时，工程进度为 21 层在建主体混凝土施工。

（2）事故经过和救援情况

2013 年 7 月 14 日 17 时左右，锦绣华庭工地 2 号楼 21 层顶板混凝土泵送浇筑完毕，泵送混凝土的地泵司机王某彬在泵车空运转情况下，将料斗口防护格网移开，站在料斗口上方的东北侧，清洗泵车内剩余的混凝土浆，不慎失足滑落到旋转料斗内，运转的泵车搅拌扇叶将其卷入其中，后被项目土建施工现场负责人徐某德发现。

在项目现场门卫室的执行经理冯某平，听到地泵方向有人呼救，赶紧去查看，看到地泵司机王某彬被卷入地泵料斗内，徐某德正抱着王某彬，工人方某龙已关闭地泵电源，就立即拨打“120”和“119”救援电话。消防官兵到来后切断搅拌轴后将王某彬救出，由“120”将伤者送至医院进行抢救，当日20时45分王某彬经抢救无效死亡。

(3）事故原因分析

1）直接原因。根据混凝土输送泵使用说明书，司机王某彬违反说明书中的安全规则，即违反“泵机运转时不得把手伸入料斗、水箱内或靠近其他能运动的零部件；进行维修保养前，必须关闭电动机及电源开关，释放蓄能器压力”的规定，违章冒险作业。

2）间接原因如下：

①根据生产厂家混凝土输送泵使用说明书中的注意事项，操作人员必须经过公司培训，方可上岗操作，操作人员必须按使用说明书进行操作、保养等。同时，施工人员经过技术培训，熟悉混凝土输送泵使用说明书，经考核合格，方能上岗操作。操作人员王某彬未取得生产厂家培训合格证违章上岗作业，这也是发生事故的一个原因。

②设备出租方没有建立健全安全生产责任制、管理制度、安全操作规程。

③工程项目部三级安全教育没有针对性，安全技术交底不到位。安全管理、检查不到位，重进度、轻安全，隐患排查和整治不力，对王某彬违章行为未能及时发现和制止。

④监理单位未认真履行安全监理责任，监督不力，对王某彬违章行为未能及时发现和制止。

(4）事故教训和整改措施

调查组认为，这起机械伤害事故是一起因作业人员违章冒险作业而引发的生产安全责任事故。

1）事故企业要认真吸取事故教训，对在石家庄的在建工地开展安全生产大检查，彻底消除安全事故隐患，预防各类事故再次发生。

2）工程项目部要加强对施工人员的安全生产教育和管理，未经安全生产教育培训合格的从业人员，不得上岗作业，严禁违规冒险作业。

3）工程项目部要进一步落实安全生产责任制度、安全管理制度和岗位操作规程，认真排查事故隐患，做到不安全、不施工。

4）石家庄市某房地产开发有限公司要完善项目手续，并开展隐患排查治理专项行动。要坚持定期组织对所管辖各标段施工企业的安全检查，坚决制止和纠正“三违”等可能引发事故的行为。特别是针对危险性较大的分部、分项工程及特殊部位等工程施工进行重点监督，杜绝类似事故再次发生。

（5）相关知识与管理借鉴

在这起事故中，对于混凝土泵车司机清洗泵车的操作，一是混凝土泵机运转时不得把手伸入料斗、水箱内或靠近其他能运动的零部件；二是进行维修保养前，必须关闭电动机及电源开关。进行维修保养作业必须关闭电源，这符合机械维修保养的基本原则。对于清洗作业，关闭电源会提高安全可靠性，可能在清洗过程中不十分便利，但是与安全相比，还是安全更重要。

维护检修机械设备，必须切断电源，有的工人在维护检修机械设备时，为了图方便，只是将操作机械设备的自身电源关闭，有的甚至连操作电源也没有关掉。维护检修机械设备时误碰电钮、电钮失控及人为失误等，引发了严重自我伤害事故，历史上这样的教训也是常见的。例如，1996 年 5 月 24 日上午，北京某单位混凝土搅拌罐车司机孔某，在朝阳区一个混凝土搅拌站内清洗混凝土搅拌罐车时，在料罐转动的情况下进行操作，在作业过程中他被料罐出料口的钢旋片挤住头部，当场死亡。为了避免类似事故发生，检修各种带电机械设备，必须切断电源，切莫因图省事不切断电源冒险作业。为了作业安全，检修时除切断电源外，还必须挂检修牌示意，在有人监护下进行。

## 4. 混凝土泵车未按要求支撑发生侧倾导致伤害事故

2012 年 12 月 23 日 14 时 45 分左右，江苏某建材有限责任公司（以下简称建材公司）在装饰改造泰州海事局高港海事处业务用房时，因混凝土泵车侧倾，发生一起车辆伤害事故，造成 1 人死亡，直接经济损失约 92 万元。

（1）项目基本情况

泰州海事局高港海事处业务用房原是滨江实验学校一栋教学楼，后经滨江园区划拨给泰州海事局作为业务用房。某施工公司经公开招投标取得泰州海事局高港海事处业务用房装饰改造施工权，泰州某项目管理有限公司负责实施工程监理。工程于 2012 年 8 月 28 日开工，工期 80 天，工程造价 273. 49 万元。至事故发生时，工程内部装饰改造已基本完工，正在进行室外地坪及道路的施工。

（2）事故经过和救援情况

2012 年 12 月 23 日上午，施工单位工程项目经理孙某平与建材公司负责人季某平就购买室外地坪用商品混凝土进行洽谈，双方口头约定施工单位购买 26 立方米商品混凝土，建材公司负责将商品混凝土送至施工现场并使用泵车泵送。

当天下午 14 时 30 分，陈某驾驶混凝土泵车到达施工现场，将泵车车头朝北停放在室外地坪东南侧广场上，并打开泵车支撑腿将支撑腿直接支撑在广场混凝土地面上。14 时 40 分左右，混凝土搅拌车到达现场，陈某操作泵车布料臂伸至室外地坪的最北端，开始由北向南泵送混凝土，瓦工周某忠站在布料臂下方拉动软管移动布料臂布料。14 时 45 分左右，泵车左前端支撑地面突然下陷，导致泵车侧倾，大臂砸中周某忠后颈部，将其压在大臂下方。

事故发生后，现场工人拨打“120”急救电话，“120”救护车赶到现场后，随车医生确认周某忠已当场死亡。

(3) 事故原因分析

1) 直接原因。陈某将混凝土泵车支撑在地面时，没有按要求将泵车的支撑腿支撑在垫块上，而是将泵车支撑腿直接支撑在地面上，在泵车泵送混凝土过程中，泵车左前方支撑地面无法承受泵车重量，支撑腿压穿混凝土地面，泵车发生侧倾，泵车大臂击中周某忠，导致周某忠当场死亡。

2) 间接原因如下：

①建材公司规章制度不健全，没有按照泵车生产厂家制定的《混凝土泵车使用及维护说明书》（以下简称《说明书》）和国家相关规定的要求，制定施工现场勘验和泵车支撑安全作业规程；安排未取得特种作业证的陈某从事混凝土泵车操作；未对泵车操作工进行安全生产教育和培训，导致泵车工不具备必要的安全生产知识，不熟悉有关安全操作规程。

②陈某作为混凝土泵车操作工，在未取得特种作业证的情况下，从事混凝土泵车操作；在泵送混凝土作业过程中，发现周某忠站在泵车布料臂下布料时，虽然进行了提醒，但未按照《说明书》中规定的“工作过程中，布料臂下禁止站人”的要求停止施工，允许周某忠继续站在危险区域内。

(4) 事故教训和整改措施

调查组经过对事故原因的调查分析，认定这是一起生产安全责任事故。

1）建材公司应深刻吸取事故教训，切实加强安全管理，落实安全责任，提高防范意识。要建立健全相关安全规章制度和混凝土泵送安全操作规程。要立即开展事故案例教育，教育和督促泵车操作人员严格执行安全生产相关规章制度和操作规程。要加强施工现场安全管理，支撑泵车前对地面状况和现场环境进行勘察，在确保不存在事故隐患的前提下作业。要确保企业建筑施工特种作业人员经考核合格，持证上岗。

2）泰州市建设管理部门要针对近年来多次发生的混凝土泵车倾覆、侧翻事故，分析监管薄弱环节和存在的问题，采取针对性措施规范混凝土制品企业的生产经营行为，遏制同类事故再次发生。要加强对混凝土制品企业特种作业人员持证上岗情况的检查，对无证上岗特种作业人员，要坚决予以查处。

3）泰州市建筑工程管理局应加强对施工现场混凝土泵车浇筑作业的安全监管，针对此次事故发生的原因，制定行之有效的现场监管细则。加大对混凝土泵车作业人员资质和泵车作业现场安全条件的检查力度，对不符合浇筑条件的坚决予以制止，杜绝类似事故的发生。

（5）相关知识与管理借鉴

这起事故的发生，很大程度在于麻痹大意。混凝土泵车支撑在地面时，支撑腿应该支撑在垫块上，而不能直接支撑在地面上，这样容易导致地面下陷，泵车倾斜侧翻。作业人员天天做同样的事情，正确与错误能分辨得清清楚楚，因此，之所以发生错误操作，主要还在于安全意识淡薄，思想上的麻痹大意。

工程项目部要加强施工人员的安全教育，提高安全意识，定期开展安全警示教育，提高施工人员的安全防范意识，做到警钟长鸣；认真开展安全技术交底，详细说明现场采取的安全防护措施，有针对性地介绍施工中可能出现的安全事故隐患、个人安全防护措施以及发生事故时的安全应急自救措施等，讲明违规操作会带来的不良后果。同时，要完善安全管理制度和奖罚措施，保证制度的落实。在开始施工之前，应当进行详尽的研究，制定完善的安全管理制度，建立安全组织，落实“管生产必须管安全”的责任制度，做到人人都是安全员，人人都有安全责任；设置专职安全管理人员，建立日常巡视制度，加强安全监控力度，重点监督现场人员的不安全行为，杜绝人员违章作业。专职安全人员应熟悉安全防护方案，不定期查看现场安全防护措施是否到位，并督促整改落实；制定较有力度的奖罚办法，保证安全责任落实。

### 5. 拆卸水泥打桩机螺母折断砸中作业人员伤害事故

2013 年 4 月 17 日 13 时 30 分左右，邯黄铁路海兴段框架涵地段，拆除打桩机过程中，桩机架发生断裂，致 1 人死亡，直接经济损失 40 余万元。

（1）项目基本情况

2013 年 4 月 15 日，黄骅某路桥工程有限公司（以下简称路桥公司）承揽邯黄铁路海兴段框架涵地段打水泥桩，因工程量较小，路桥公司将其施工安排给翟某坦，翟某坦又联合边某明一起组织施工。两人约定其施工人员及作业主要由陈某刚负责，费用共计 30 500 元，施工完毕后一次性交陈某刚，再由陈某刚分发给其他工人。

（2）事故经过和救援情况

4 月 17 日，邯黄铁路海兴段框架涵地段打桩作业施工完毕。11 时左右，陈某刚与边某明核对账目后，向边某明申请吊车拆卸水泥搅拌打桩机（打桩机是利用冲击力将桩贯入地层的桩工机械，由桩锤、桩架及附属设备等组成。桩架为一钢结构塔架，在其后部设有卷扬机，用以起吊桩和桩锤。桩架的高度决定着桩锤的冲击动能，因此桩架普遍较高。事故发生地的桩架约 15 米，共 3 节）。自 12 时 30 分开始至 13 时左右，打桩机已基本拆完，打桩机桩架倾放在架子上（与桩基相连处为第一节），相互间由 16 根螺栓相连接，此时桩架第二、三节悬空。当陈某刚正在桩架下方拆卸链条时，桩架第二节与第一节处螺母突然折断，桩架直接砸在陈某刚肩头。

事故发生后，现场人员当即拨打了“120”急救电话。“120”救护车到达后将其送至海兴县医院，后经抢救无效死亡。

（3）事故原因分析

1）直接原因。施工队未在桩架下做支撑防护。施工队在拆卸、放平桩架后，未按安全操作规程在悬空桩架处增加钢管支撑，致使出现了悬空桩架与桩基的杠杆状态，在重力作用下，螺母折断，径直落下砸在此时正在其下拆卸链条的陈某刚身上，这是导致事故发生的直接原因。

2）间接原因如下：

①桩机未经检测检验。边某明所用水泥搅拌桩机是其购置的二手桩机，不能提供有效检测证明，施工前未检查桩机所连接桩架螺母是否存在松动、脱扣现象。

②陈某刚冒险作业。陈某刚安全意识淡薄，冒险在未做支撑防护的桩架下拆卸链条。

③施工队“三无”安全。翟某坦、边某明身为该工程直接负责人，未经任何安全培训，不具备与该工作相关的安全生产知识，施工队无管理、无规章、无措施。

④路桥公司安全管理不到位。从施工队进驻到事故发生，该公司未对员工进行安全培训，未进行过一次安全检查和事故隐患排查，所建立的安全生产规章制度形同虚设，只重生产，无视安全。

(4) 事故教训和整改措施

这起事故教训深刻，突出反映了建筑施工领域非法施工、违规发包分包等问题的严重性，以及施工单位对安全生产工作的极度轻视，极不负责，致使安全生产工作出现了无人抓、无人管、不会抓、不会管的现状。同时，这起事故也暴露出行政监管工作存在盲点和漏洞。在以后工作中，相关单位更应高度重视安全生产，明确责任，细化管理，以更加坚决的态度、更加有力的措施，把安全生产工作落到实处，防止同类事故的发生。

1）住建部门要认真吸取事故教训，开展建筑领域安全大检查，严厉打击非法施工、违规发包分包等违法行为，采取必要的安全措施，从安全生产责任制落实、规章制度和操作规程建立健全、劳动防护用品配备、用电安全管理、设备操作、安全教育培训等方面，力促建筑安全上台阶。

2）路桥公司要严格依照《生产经营单位安全培训规定》的要求，实行全员培训。主要负责人、安全管理人员及其他从业人员必须经安全培训，熟悉有关安全规章制度和安全操作规程，具备必要的安全生产知识，掌握本岗位的操作技能，增强事故预防和应急处置能力。企业负责人要认真履行安全管理职责，建立健全安全生产责任制、规章制度和操作规程，明确安全管理人员，督促检查员工对“三项制度”的学习掌握和遵守落实。企业要积极改善安全生产条件，加大安全生产投入，更新陈旧设备，设置警示标识，配发劳动防护用品，配齐应急救援器材，加强企业安全管理，坚决杜绝违规发包分包等行为的再次发生。

(5) 相关知识与管理借鉴

这起事故涉及桩机。桩机是地基与基础施工机械的简称，具有体积庞大沉重、装配复杂等特点，多数存放于露天地点。同时，地基基础施工现场自然条件恶劣，桩机设备工作环境很差，在其施工和停放期间面临磨损、锈蚀的多种威胁。为降低机械损耗，延长设备使用寿命，避免施工中发生事故，确保工程质量和工期，必须做好桩机设备保养和施工期间的综合安全管理技术检查工作。

在桩机设备施工时，应严格按相关工作流程操作，施工期间也应经常检查、观测其工作状态，并按施工组织设计确定的桩位顺序进行施工。开工前，技术人员应向全体（机组操作）施工人员进行安全管理技术交底，配置专业安全管理人员。在操作中应注意以下事项：

1）桩机操作人员必须经过严格的岗前培训，合格后才能上岗施工，施工期间不得擅离职守，严禁无关人员进入操作（室）岗位。

2）操作人员应熟悉牢记桩机设备功能作用、技术指标、使用条件等内容，操作应准确平缓，严禁超负荷、机械带病及野蛮操作施工。

3）在正式施工前，操作人员应对装配完毕的桩机设备及辅助设备进行空负荷联合试运转，看各部件（位）动作是否正确平稳，有无异常响声，控制仪表反应是否灵敏，电气线路工作是否正常。发现问题应及时调整修复。

4）对施工可能造成邻近房屋开裂、管线断裂、漏水漏气、路基下沉等不良情况，应事先制定应急抢险方案，报建设、监理单位备案。

5）加强现场周边建筑物的安全监测工作，定时做好书面沉降观测记录；在边桩、角桩等特殊桩位施工时，注意对附近建筑物的不良影响；对沉管等施工，可考虑开挖地面防震槽、预先钻孔等措施减少挤土效应的影响。

6）桩位间移动时，不宜压在已经完工的桩（顶）位上，应远离其他施工机械，与高压线保持桩机安全距离（如 6 米以上）。桩机在行走中应保持设备垂直平稳，必要时铺垫枕木，填平坑凹地面，换填软弱土层，加设临时固定绳锁，清理行走线路上的障碍物等。机架较高的搅拌类桩机移动时，必须采取防止倾覆的应急措施。为保持设备平稳，保护液压系统不受冲击破坏，液压系统不能满行程操作。

7）遇地层阻力较大时，注意观察电流值指标或减慢沉桩（成孔）速度，或停机处理后再施工，避免电动机超功率工作烧毁保险丝或电机。遇地层阻力突然降低时（如洞穴），应停机待查。

8）施工中发现异常响声时应立即停机检查。施工及检修时，打桩锤下、起吊机下严禁站人。已经完工的桩孔应加警示标识，必要时（大孔径桩）加盖板防止人员坠落。

9）遇雷雨、6 级及以上大风等恶劣天气，必须采取加设缆风绳、放倒机架等措施停稳桩机，关闭电气控制开关，防止倾覆。

10）施工中遇停电、操作失控等紧急情况，应采取可靠措施防止设备倒塌并及时切断电源开关。休息或作业结束时应停稳桩机，落下桩锤，切断电源。

11）密切关注电动机、液压油缸、轴承等重要部位的温度变化。

12）冬季施工注意对设备关联部位采取防冻保护措施，如水泵及时放水、采用耐低温保护油（如 120 号齿轮油、46 号抗磨液压油）等。

13）夏季施工注意对设备关联部位采取高温保护措施，如电气线路、轴承、电动机采用耐高温保护油（如 90 号齿轮油、68 号抗磨液压油）等。

14）桩机施工有几种常见的机械动作，如吊桩（钢筋笼）、起吊锤、回转、行走、沉孔、压桩等，不宜同时进行 2 种及 2 种以上的机械动作。

## 6. 使用自制移动吊装支架作业整体倾倒伤害事故

2014 年 5 月 2 日 17 时 30 分，湖北某建筑劳务有限公司（以下简称湖北劳务公司）在武汉江汉六桥第一标段工程北引桥 L 4 联处发生一起机械伤害事故，造成 3 人死亡，事故直接经济损失 260 万元。

（1）项目基本情况

武汉江汉六桥第一标段工程位于长丰桥和江汉二桥之间，全长 3 050.1 米，其中主桥长 682 米，为三跨自锚式悬索桥，工程建设总投资约 11.27 亿元。工程以田文街为分界点，划分为 2 个标段勘察、设计、施工，项目于 2012 年初开工建设，计划于 2015 年 2 月竣工，其中江汉六桥一标为引桥工程，长约 1.34 千米。

该工程由某建设有限责任公司（以下简称建设公司）融资；项目施工单位为某建筑集团三公司，其中第一标段由三公司基础设施工程公司具体组织施工；项目由武汉某建设监理有限公司负责监理。事故中伤亡的工人属于湖北劳务公司，该公司属于该工程的劳务分包单位，发生事故的标段为江汉六桥工程第一标段。

（2）事故经过和救援情况

5 月 2 日 10 时左右，湖北劳务公司现场负责人潘某贵向项目部生产经理王某峰申请对自制移动吊装支架进行验收。该设备由钢制框架、顶部可滑动起吊设备及外部吊篮等部分组成，用于安装桥面护栏的钢制模板，可将钢制模板通过顶部起吊设备运送至桥面护栏外，由站在外部吊篮内的施工人员对其进行安装。11 时左右，项目部生产经理王某峰组织田某东（项目部安全总监）、程某刚（项目部总工）、文某涛（监理公司现场监理员）、杨某军（建设公司现场安全员）等人到桥面平台对该工具进行验收，湖北劳务公司现场负责人潘某贵、安全员向某明、施工队队长蒲某泽等现场陪同验收。验收人员当场指出该工具存在未严格按照设计制作方案加工制作、缺少配重、焊接部位不够饱满等隐患，要求湖北劳务公司对隐患进行整改，在重新申报验收合格并进行加载试吊后方可投入使用。

5月2日17时左右，在未向江汉六桥第一标段工程项目部和监理公司进行施工报告的情况下，湖北劳务公司施工队队长蒲某泽，带领周某全、李某佑、李某全、局某、蒲某5人在江汉六桥L4联处，使用未经整改和复查的移动吊装支架安装防撞护栏的钢制模板。根据分工，局某站在桥边悬空的移动吊装支架悬臂上的吊篮中对模板进行安装，周某全、李某佑、李某全3人利用支架上方滑道的电葫芦将钢制模板从桥面上吊起移送至桥边吊篮处，蒲某泽和蒲某2人则各站在支架两边帮忙搭手。起吊第一块钢制模板时，周某全、李某佑和李某全3人扶着钢制模板慢慢向桥边移动，由于移动吊装支架末端未按要求放置配重块，在移动钢制模板时，支架重心往桥边的悬臂端偏移，导致移动吊装支架整体失衡发生倾倒。周某全、李某佑、李某全3人被倾斜的移动吊装支架压在防撞护栏上，局某则从桥边的吊篮中坠落到桥下。

事发后，伤者被迅速送往医院抢救。其中，周某全因脑部受到严重挤压损伤而致呼吸循环衰竭抢救无效死亡，李某佑和李某全2人因胸部受到钝性物体压砸致机械性窒息抢救无效死亡，局某手臂摔伤住院，经治疗后康复出院。

（3）事故原因分析

1）直接原因。湖北劳务公司擅自组织人员进行施工，并使用未经验收合格的自制移动吊装支架进行作业。在作业中，由于移动吊装支架未安装配重物，因桥面设计有自然坡度，当电动葫芦移动到悬臂一端时，移动吊装支架失去平衡，向悬臂端倾斜，导致整体倾倒，将周某全、李某佑、李某全3人压在防撞护栏上。

2）间接原因如下：

①湖北劳务公司安全生产责任不落实，人员违章指挥，擅自组织施工，在自制移动吊装支架达不到安全施工条件的情况下仍然进行作业。

②武汉江汉六桥第一标段工程项目部安全责任制度落实不到位，对施工现场安全监督管理不到位，对劳务分包队伍违规作业未及时发现和制止，对移动吊装支架缺乏有效管理。

③建筑集团三公司基础设施工程公司对施工现场存在的安全生产问题督促整改不力，监督管理不到位。

④监理公司在对施工现场安全生产情况巡视检查时，值班监理人员未及时发现和制止现场违规作业行为。

⑤建设公司对项目分包单位、施工单位、监理单位落实安全生产工作监督不到位，对施工现场存在的安全生产问题督促整改不力。

（4）事故教训和整改措施

1）湖北劳务公司要充分吸取事故教训，严格落实国家安全生产法律法规的有关要求。一是要强化现场的安全管理，严格按照专项施工方案进行作业，安排专人进行现场监护，未经验收合格的自制设备一律不得投入使用，落实现场各项防护措施，切实保障施工安全。二是要强化安全教育培训工作，严格落实三级安全教育制度，全面做好施工前的安全技术交底，进一步提高作业人员的安全防护意识。三是要强化现场安全事故隐患排查治理工作，严厉查处作业人员“三违”行为，及时发现和消除各类事故隐患。四是要服从施工总包方的统一协调和指挥，合理组织安排人员进行作业，坚决杜绝因抢工期而忽视安全盲目施工的现象。

2）建筑集团三公司要严格劳务单位的资质审查，进一步加强对劳务单位的安全管理。一是要全面审核劳务分包单位作业人员的培训和持证上岗情况，未经培训合格一律不得上岗。二是要在项目施工前，向劳务单位进行安全技术交底，督促劳务单位严格按照专项施工方案进行施工。三是要强化自制设备的安全管理，督促作业人员严格按照设计要求进行制作，对验收不合格的自制设备，提出整改措施并督促整改到位。对发现擅自使用未经验收合格的自制设备的有关单位和人员，要从严从重进行处罚。四是要加强现场的安全巡查力度，强化现场的安全管理，及时发现和制止作业人员“三违”行为，严格落实现场隐患排查整改，强化现场各项安全防护措施。

3）监理公司应当审查施工组织设计中的安全技术措施或者专项施工方案是否符合工程建设强制性标准。在实施监理过程中，发现存在安全事故隐患的，应当要求施工单位整改；情节严重的，应当要求施工单位暂时停止施工，并及时报告建设单位。施工单位拒不整改或者不停止施工的，应当及时向有关主管部门报告。

4）建设公司要进一步加强项目安全管理工作，加大施工现场安全检查力度，严厉查处违规违章行为，确保施工人员行为规范和安全防护措施落实。

（5）相关知识与管理借鉴

事故之后，调查组对事发设备移动吊装支架基本情况进行了调查，对设备移动吊装支架进行了技术分析。

移动吊装支架现场保留有施工方案，方案中附有该支架的验算书，验算书中有该支架的结构形式和稳定性验算，方案审批手续齐全。根据设计要求，移动吊装支架为2.5米×2.5米×3.5米（长×宽×高）长方体钢结构支架，支架杆件均为双80槽钢对焊成矩形方钢，一侧悬挂吊篮，一侧设置配重，上部横杆上焊有电动葫芦（设计起重量为200千克）行走导轨工字形钢梁，悬挂吊篮一侧伸出长度为2米，配重侧伸出长度为1.5米，工字形钢梁总长为6米。配重侧固定有木模板配重箱体。

专家组结合现场查勘情况，经资料与实物比对和结构受力计算分析，认为事故的技术原因如下：

1）事故发生时，移动吊装支架配重箱内未安装配重物。

2）架体未按照设计要求进行制作：吊篮吊杆中部沿水平方向向前接长 90 厘米，增加了支撑前臂受力长度，降低了设计安全系数。以吊篮侧支架立杆处为支点，吊篮侧悬臂长度与配重侧水平支撑长度比例为 2.9∶2.5（原设计为 2.0∶2.5）。

3）因桥面设计有自然坡度，支架结构中间高两边低，电动葫芦导轨向外倾斜，电动葫芦自动移动到悬臂一端，增加悬臂端质量，加剧了支架的倾斜。

4）经验算，实际制作的移动吊装支架不能满足原设计抗倾覆安全系数。

这起事故的发生涉及机械设备的专业化管理。专业化是机械设备管理的基础。机械设备管理具有很强的专业性，这就要求机械设备技术、操作、管理人员必须有较强的专业知识，并加强对机械设备主要危险源的控制，从各种因素上杜绝事故的发生。而且操作人员要以机械设备为对象定期进行维修保养，使机械设备自身素质得到充分利用，不仅能保证机械设备在施工生产流程中发挥应有作用，也能有效地减少设备故障，同时还能延长机械设备的使用寿命。

## 7. 高压旋喷钻机移机失稳倒下砸中人员伤害事故

2018 年 3 月 30 日 19 时 10 分左右，由江苏省溧阳市某建筑有限公司（以下简称溧阳建筑公司）专业分包的常合高速公路茅山互通至金坛滨湖新城连接线搅拌桩工程，在施工过程中发生一起机械伤害事故，造成 1 人死亡，直接经济损失 115 余万元。

（1）项目基本情况

常合高速公路茅山互通至金坛滨湖新城连接线工程项目实施路线全长约 26.7 千米，建设内容包括道路、桥梁及附属设施，签约合同价为 16.46 亿元。2017 年 9 月，区建管处与常州市金坛区某旅游大道建设有限公司（以下简称旅游建设公司）、上海某建设集团（以下简称上海建设集团）、常州市某交通工程有限公司 4 方签订工程施工合同。当月 10 日，上海建设集团四公司组建项目部进场施工，主要是软基、管道和路基方面的基层施工，桥梁主要是桩基、承台、立柱等下部结构的施工。

2017 年 10 月，陈某国了解到上海建设集团准备专业分包承接工程的搅拌桩工程，便与有过合作关系的溧阳建筑公司法定代表人沈某庆联系，经沈某庆同意以溧阳建筑公司法人委托人身份使用溧阳建筑公司资质参加竞标并中标。12 月 1 日，上海建设集团与溧阳建筑公司签订了专业分包合同，约定工程量为常合高速公路茅山互通至金坛滨湖新城连接线工程提供 15 万根单向搅拌桩，合同约定甲方供料，合同总价 165 万元。溧阳建筑公司虽成立了该项目安全生产管理机构，但实际是由陈某国为项目负责人具体实施工程。

陈某国组织人员和设备进场后，安排程某才、徐某奋进行现场管理。2018 年 3 月 22 日左右，陈某国施工队作业到南瑶村龙溪村大桥东侧约 200 米处，因作业面上方有高压线，根据设计要求该区域的桩基改为高压旋喷桩，因此，陈某国便调来 2 台高压旋喷钻机，并让徐某奋招募工人操作高压旋喷钻机。2018 年 3 月 25 日，接到徐某奋电话后，张某洋带领 6 名工人进场，次日便进行作业，除 1 人负责后勤外，他们 3 人一组分白夜两班（夜班为当日 18 时至次日 6 时）操作事发的高压旋喷钻机。

(2) 事故经过和救援情况

发生事故的钻机为高压旋喷钻机，由无锡市某工程机械有限公司于 2014 年 4 月出厂。正常作业时由 3 名工人组成生产班组，事发班组中刘某保为机操工操作钻机，王某云为辅助工接拿钻杆，赵某同为辅助工操作水泥高压泵。完成一个区域后，班组需相互配合，采取横向移机到下一个作业区域。工人通常采用人工方式进行移机，先用钻杆顶起机头，再移动机头底部轨道至另一个区域的枕木上，放下机头落至轨道，人工撬起机尾，再移动另一根轨道，钻机放稳后再将钻机移动到新的作业区域。事故发生时该班组正在进行移机作业。

2018 年 3 月 30 日 18 时交接班后，刘某保、王某云、赵某 3 人在建筑工地进行高压旋喷桩施工作业。至 19 时左右，他们准备横向移机至西侧作业区域，按照惯例，他们一起来到钻机旁边准备移机。19 时 10 分左右，刘某保操作钻机，王某云和赵某分别在钻机东西两侧协助，就在刘某保落下钻杆顶起机头准备向西移动机头下面的轨道时，钻机突然向西侧倾倒。

见到危险情况，刘某保、王某云立即大声提醒位于钻机西侧的赵某避开，因光线较暗，他们未看清楚赵某当时在做什么，等钻机倒地后跑近发现钻机桅杆压住了赵某的下半身，桅杆上的动力头突出部分顶着他的腰部，此时赵某被钻机压住的部位和头部都在流血。随后工地上的其他工友也闻声赶到，众人合力把钻机桅杆抬起救出赵某，现场人员拨打了“120”急救电话。考虑到救护车赶到需要一定时间，现场人员驾车把赵某送至医院抢救。因伤势过重，赵某经抢救无效于当日 23 时 30 分死亡。

(3) 事故原因分析

1) 直接原因。高压旋喷钻机在移机过程中失稳倒下砸中赵某，造成赵某重伤死亡是本起事故发生的直接原因。具体分析如下：一是刘某保班组不了解高压旋喷钻机移机过程中的危险因素和防范措施，沿用习惯做法进行移机作业导致钻机倾倒；二是因夜间作业光线较暗，在高压旋喷钻机瞬间倾倒时赵某未能及时躲避。

2）间接原因如下：

①溧阳建筑公司委托未取得相关资格的实际负责人陈某国管理施工现场，未采取技术、管理措施，未及时发现并消除事故隐患；未认真辨识施工过程中的各类危险因素，未结合风险防范措施制定相关岗位安全操作规程，是造成本起事故发生的间接原因之一。

②溧阳建筑公司未按照相关要求，未针对施工人员开展安全教育培训，使得施工人员不了解本岗位的危险因素和防范措施，是造成本起事故发生的间接原因之二。

③上海建设集团对专业分包单位的安全生产工作统一协调、管理不到位，监理单位对施工现场巡查不严，未发现并指出溧阳建筑公司无专业安全管理人员进行现场安全管理，是造成本起事故发生的间接原因之三。

（4）事故教训和整改措施

对这起事故，相关单位要举一反三，扎实采取措施，防止各类事故的发生。

1）相关单位必须切实落实企业安全生产主体责任，加大事故隐患排查治理力度，严格对照相关法律法规和技术标准，根据生产特点进行风险辨识，认真排查治理各类事故隐患，切实提升本质安全水平。

2）溧阳建筑公司严禁借用资质给不具备施工资质、资格的单位或个人承接工程，必须配齐施工现场的管理人员，加强作业现场安全管理，加强对施工现场危险因素的辨识和管控，结合风险分析制定切实可行的安全管理制度及岗位操作规程，加强对从业人员的培训，提高从业人员危险辨识和防范事故的能力。

3）上海建设集团作为工程总包单位，必须切实履行总包单位的安全管理职责，将分包单位的安全生产工作纳入本单位安全生产管理体系进行统一协调管理，定期进行安全检查，发现存在安全问题的，应当及时督促整改。

4）监理公司必须切实履行监理单位的安全监理职责，对分包单位的资格条件、签订的分包合同进行严格审查，认真核实分包单位人员的身份，加强对分包工程的安全监理。发现存在安全问题的，应当及时责令整改并向建设单位及有关部门报告。

5）工程主管部门应当切实履行监督管理职责，督促工程各参建单位依法履行安全生产主体责任，加大对在建工程的监督检查，及时协调解决施工过程中的安全问题。

（5）相关知识与管理借鉴

这起事故涉及高压旋喷钻机。高压旋喷钻机是一种用来输送浆液、压缩空气和清水等介质，在高压的工作条件下，能保证持续的动密性和静密性的一种钻进工具。高压旋喷钻机主要由钻杆、分流器、钻头、防松器、防松装置、垫叉和变径接头组成。

高压旋喷钻机在操作中应注意以下事项：

1）作业前保证场地平整，确保用电安全，采取防止施工机械失稳的措施。就位时机座要平稳，立轴或转盘要与孔位对正。

2）严格控制各项旋喷参数，防止成桩直径过大，影响沉井下沉。

3）严格控制桩位各桩顶高程，防止成桩桩顶过高，造成沉井下沉困难。

4）高压旋喷前检查设备是否正常、管路系统是否通畅及接头密封性，在插管和高喷过程中，要注意防止喷嘴被堵。

5）相邻两桩施工间隔应不小于 48 小时，施工按打 1 根桩跳 2 根桩进行。

6）施工前应检查水泥和外掺剂等的质量，桩位、压力表、流量计的精度和灵敏度，高压旋喷设备的性能等。

7）在喷射注浆过程中，应观察冒浆的情况，以及时了解土层情况。

## 8. 在搅拌站作业被扯进料斗轨道腹部被卡伤害事故

2012 年 11 月 30 日上午，江苏省泰州医药高新区锦绣华城一期工程 3 号楼西北角搅拌机发生一起机械伤害事故，造成 1 人死亡，直接经济损失约 80 万元。

（1）项目基本情况

泰州锦绣华城是由某投资发展有限公司投资开发的住宅小区，位于泰州医药高新区药城大道北侧，一期工程包括住宅楼 18 幢（1 号至 18 号）、综合楼工程、地下车库，总建筑面积 16 万平方米。施工单位为某建设公司，监理单位为江苏某工程管理有限公司。事故发生于 3 号住宅楼西北角搅拌站。

事故搅拌机为扬州某建设机械厂制造的 JZM 350 型号搅拌机，该搅拌机安装有上升限位器（料斗升至一定高度碰触到限位器后，限位器自动切断电源，料斗停止上升），无下降限位器（料斗下降过程中必须按“停止”按钮，否则会造成电机输出轴继续转动过程中，钢丝绳反绕在输出轴上并带动料斗上升）。事故发生后，现场勘察发现，事故搅拌机提降料斗的钢丝绳已反方向绕在电机输出轴上；搅拌机上升限位器失效，不能起到保护作用。

（2）事故经过和救援情况

2012 年 11 月 30 日 7 时 30 分，粉刷班组栾某兰、俞某华等 8 名工人根据工作安排进行 3 号楼的地面找平工作，其中 3 名瓦工负责砂浆刮平，俞某华负责操作搅拌机，栾某兰等 2 名工人负责运送砂、石等原料至搅拌机搅拌，其余工人负责运走搅拌好的熟料。9 时 10 分左右，俞某华在搅拌机搅拌滚桶内加入原料后，将搅拌机料斗放置回基坑，在未切断搅拌机电源的情况下离开现场，当时没有其他人在现场。9 时 20 分左右，在工地 3 号楼与 5 号楼通道间的杨某丰听到栾某兰喊了两声"救命"，赶到搅拌机操作棚内，看到栾某兰腹部被挤压在搅拌机料斗和上横梁之间，面部青紫，且已失去意识。

事故发生后，现场工人拨打"120""119"救援电话，消防官兵赶到现场。因事故搅拌机提降料斗的钢丝绳已反方向绕在电机输出轴上，工地电工陈某明通过按"上升"按钮使料斗下降，配合消防官兵将栾某兰救下。"120"救护车赶到现场后，随车医生确认栾某兰已死亡。

(3) 事故原因分析

1) 直接原因。栾某兰在搅拌站内工作时不慎被反转上行的料斗扯进料斗运行轨道内，并被料斗带到轨道上方，料斗上升限位器未起到保护作用，导致栾某兰腹部被卡在搅拌机料斗与料斗轨道上横梁之间。

2) 间接原因。施工单位设备检修管理制度落实不到位，未对搅拌机安全保护装置（上升限位器）进行维护保养和检测；允许未经安全生产教育培训的栾某兰上岗作业。

(4) 事故教训和整改措施

1) 施工单位应深刻吸取事故教训，加强安全管理，落实安全责任，提高安全防范意识。要落实设备检修管理制度，做好设备安全防护装置的经常性维护、保养和检测。要严格落实三级安全教育培训制度，教育和督促员工严格执行安全生产规章制度和操作规程。要加强用工管理，及时制止未经安全生产教育和培训合格的从业人员上岗作业。要加强工地巡查，及时消除各类事故隐患。要加强对设备安全设施可靠性和适用性的检查，及时更换落后淘汰的设备，提高设备的本质安全度，确保设备设施不带病运行。

2）泰州医药高新区住建局要加强对辖区内建设工程安全生产工作的监督管理，指导企业制定和落实安全生产相关规章制度，督促企业加强用工管理和工地现场巡查，严格执行三级安全教育培训制度和隐患排查治理制度。要加强对在建工程的安全检查，对检查发现的施工安全隐患，要及时采取整改措施予以消除。

（5）相关知识与管理借鉴

在这起事故中，作业人员在搅拌站工作时不慎被反转上行的料斗扯进料斗运行轨道内，并被料斗带到轨道上方，料斗上升限位器未起到保护作用，导致作业人员腹部被卡在搅拌机料斗与料斗轨道上横梁之间而死亡。

搅拌站的主要用途是搅拌混合混凝土，也叫砼搅拌站，适用于城市、乡镇商品预拌混凝土及道桥、水利、机场、港口等大型基础设施建设工程及混凝土需求量大的场所。

一般来讲，搅拌站机械伤害事故或者其他建筑机械伤害事故的发生，是由于操作人员与维修人员同时用一台设备进行工作，缺乏沟通造成的伤害，像这样因自己一人操作导致机械伤害的情况还比较少见，究其原因，可能是疏忽大意，没有提防，结果当发现处于危险状态已经来不及了。故此，对作业人员加强安全教育，强化安全意识，让安全的警钟时时鸣响，还是非常有必要的。

## 9. 驾驶装载机倒车行进没有安全确认撞人伤害事故

2017 年 9 月 26 日 13 时许，位于北京市大兴区庞各庄镇北京新机场高速公路7标段施工现场，某建设集团有限公司（以下简称建设公司）在组织工人进行作业过程中，发生一起车辆伤害事故，造成1名工人死亡。

（1）项目基本情况

北京市新机场高速公路工程北起南五环，南至北京新机场，道路全长27.2千米，设计时速100~120千米，为双向八车道高速公路。该工程为北京市重点工程项目，于2016年12月25日开工，计划工期为24个月。

事故发生在该工程第7标段。该标段由建设公司负责工程中主线桥下部构造、全部现浇箱梁（及相应支座）、桥面等劳务作业。2017年8月，建设公司开始组织工人入场作业。2017年9月下旬，旋挖钻机班班组长刘某福组织人员开始进行YK 814号桩基的钻孔作业。作业方式为旋挖钻机进行钻孔作业时，由一台轮式装载机配合将钻孔形成的渣土清运至场地北侧空地位置，另外有一台吊车和4名工人负责配合钻孔作业。

（2）事故经过和救援情况

2017年9月26日，刘某福组织工人继续进行钻孔作业。其中一名工人负责操作钻机，一名工人负责操作吊车配合作业，娄某伟等4名工人负责配合钢筋施工，刘某强（男，25岁）负责驾驶装载机配合进行渣土清运。因作业现场狭窄，不方便掉头，刘某强便采取向北前进，向南后退的方式驾驶装载机。

当日中午吃完饭后，刘某强回到作业区域，继续驾驶装载机运送渣土。作业至约13时，在其向北侧送完一铲渣土后，倒退行驶过程中，不慎将工人娄某伟（男，28岁）碾轧。刘某强发现后立即下车查看并求救。现场人员立即拨打了“120”急救电话，医护人员到达现场后，确认娄某伟已经死亡。

（3）事故原因分析

事故调查组依法调取了有关单位的资质文件和施工资料，对事故涉及的相关人员进行了调查询问，认定了事故原因及性质。

1）直接原因。装载机司机刘某强在没有确认装载机作业区域内是否有人的情况下，驾驶装载机倒车行进，不慎将娄某伟轧伤致死，是事故发生的直接原因。

2）间接原因如下：

①装载机有缺陷。经查，事发时刘某强驾驶的装载机左右两侧反光镜均已缺失，在装载机后侧形成盲区，无法及时观察到车辆周边情况。

②安全教育培训不到位。施工总承包方未按照要求对工人开展有效的安全生产教育培训，致使工人安全意识淡薄，对自身工作中的安全要求不能有效掌握，作业中出现违章行为。

③施工现场安全管理和检查不到位。施工各方安全管理人员对施工现场安全管理和检查不严、不细，未能及时发现和消除施工现场工人作业及设备设施存在的隐患问题。

（4）事故教训和整改措施

这起事故是一起因工人违章作业、设备设施有缺陷、安全教育培训和检查不到位等原因引发的生产安全责任事故。事故调查组针对事故暴露出的问题，对相关单位提出如下整改建议措施：

1）建筑施工企业要全面落实本单位安全生产教育培训职责，按照相关要求做好入场职工的教育培训和考核工作，保证教育学时和针对性，切实提高作业人员自身安全意识。同时，建筑施工企业应加强对施工现场各类隐患的排查和检查力度，针对危险性较大施工和大型机械设备作业等重点环节，强化现场监督管理和对设备自身的检查排查，确保相关制度能够得到有效落实。

2）新机场高速公路总监办要进一步采取有效措施，深入加强对安全生产教育培训和考核的检查，督促施工各方落实安全生产教育培训、安全交底、班前教育及现场管理等措施；加强对施工现场重点位置和重点区域的巡查、检查力度，切实做好项目安全监理工作。

3）建设公司要全面加强施工现场的安全管理工作，进一步明确安全监管人员职责，加强施工现场安全管理和巡查检查，及时消除各类隐患，避免出现管理盲区。同时，建设公司应加强工人班前教育和安全交底工作，确保工人在作业前了解作业过程中存在的危险因素和预防措施，督促作业人员做好安全防护和自身防护，确保各项施工作业安全进行。

4）工程建设单位应进一步加强施工各方的协调管理，督促总包单位和监理单位落实自身安全管理责任，根据施工阶段和施工类型，采取有针对性的安全管理措施，细化安全管理责任，确保新机场高速公路工程能够顺利完成。

(5）相关知识与管理借鉴

这起事故是装载机司机操作时，在没有确认装载机作业区域内是否有人的情况下，盲目驾驶装载机倒车行进，不慎将他人轧伤致死。

装载机是一种广泛用于建设工程的土石方施工机械，主要用于铲装土壤、砂石、石灰、煤炭等散状物料，也可对矿石、硬土等作轻度铲挖作业，换装不同的辅助工作装置还可进行推土、起重和其他物料如木材的装卸作业。装载机具有作业速度快、效率高、机动性好、操作轻便等优点，因此成为建筑施工中土石方施工的主要机种之一。

在装载机操作中，需要注意以下安全事项：

1）驾驶员及有关人员在使用装载机之前，必须认真仔细地阅读制造企业随机提供的使用维护说明书或操作维护保养手册，按资料规定的事项去做，否则会带来严重后果和不必要的损失。

2）驾驶员穿戴应符合安全要求，并配备必要的劳动防护用品。

3）当作业区域范围较小或在危险区域时，必须在其范围内或危险点显示出警告标识。

4）绝对严禁驾驶员酒后或过度疲劳驾驶作业。

5）在中心铰接区内进行维修或检查作业时，要装上“防转动杆”以防止前、后车架相对转动。

6）要在装载机停稳之后，在有蹬梯扶手的地方上下装载机。切勿在装载机作业或行走时跳上跳下。

7）维修装载机需要举臂时，必须把举起的动臂垫牢，保证在任何维修情况下，动臂绝对不会落下。

8）清除装载机在行走道路上的故障物，特别要注意铁块、沟渠之类的障碍物，以免割破轮胎。

9）将后视镜调整好，使驾驶员入座后能有最好的视野效果。

10）确保装载机的喇叭、后退信号灯及所有的保险装置能正常工作。

11）在即将起步或在检查转向左右灵活到位时，应先按喇叭，以警告周围人员注意安全。

12）在起步行走前，应对所有的操纵手柄、踏板、方向盘先试一次，确定已处于正常状态才能开始作业。要特别注意检查转向、制动是否完好。确定转向、制动完全正常，方可起步运行。

13）行进时，将铲斗置于离地400毫米左右高度。在山区坡道作业或跨越沟渠等障碍物时，应减速、小转角行进，要注意避免倾翻。当装载面在陡坡上开始滑向一边时，必须立即卸载，防止继续滑下。

14）作业时尽量避免轮胎过多、过分打滑。尽量避免两轮悬空，不允许只有两轮着地而继续作业。

15）作牵引车时，只允许与牵引装置挂接，被牵引物与装载机之间不允许站人，且要保持一定的安全距离，防止出现安全事故。

## 10. 违章操作挖掘机旋转大臂铲斗撞人伤害事故

2011 年 6 月 30 日，北京某工程机械租赁中心（以下简称机械租赁中心）在北京市东城区地安门东大街北京地铁 8 号线南锣鼓巷站工地基坑内进行挖掘机操作时，发生一起生产安全事故，造成 1 名工人死亡，直接经济损失 83 万元。

（1）项目基本情况

北京地铁 8 号线一期工程（奥运支线）于 2008 年 7 月 19 日开通，并直接服务于北京奥运会。2011 年 10 月 15 日，一期工程停运改造施工。二期工程北段于 2011 年 12 月 31 日开通，二期工程南段（北土城—鼓楼大街）于 2012 年 12 月 30 日开通，二期工程南段（鼓楼大街—南锣鼓巷）、昌八联络线（回龙观东大街—朱辛庄）于 2013 年 12 月 28 日开通。

（2）事故经过和救援情况

2011 年 6 月 30 日 16 时左右，因机械租赁中心停在工地基坑内的 ZX 300 型挖掘机妨碍施工，北京地铁 8 号线二期十标项目经理部工区经理刘某要求机械租赁中心将该挖掘机挪动位置。16 时 20 分左右，机械租赁中心挖掘机司机甄某来到基坑内启动挖掘机，此时挖掘机车身为东西走向，大臂向东。此前甄某注意到挖掘机南侧有 3 名工人，于是他开始操作挖掘机由东向北逆时针旋转大臂。甄某在旋转挖掘机大臂时未仔细查看北侧旋转半径内的情况，导致大臂顶端铲斗撞到北侧作业平台上的工人张某。

事故发生后，项目部将张某送至医院抢救，后经抢救无效死亡。

（3）事故原因分析

1）直接原因。甄某无正规的挖掘机司机特种作业操作证，违章操作挖掘机，在旋转挖掘机大臂时未仔细查看旋转半径内的情况，导致大臂顶端铲斗撞到现场工人。

2）间接原因如下：

①机械租赁中心主要负责人未建立健全本单位安全生产责任制；未督促、检查本单位的安全生产工作，未及时消除生产安全事故隐患；未组织制定并实施本单位的生产安全事故应急救援预案。

②北京地铁 8 号线二期十标项目部安全检查、安全教育、特种作业人员管理不到位，未有效监督特种作业人员持证上岗，未及时消除事故隐患。

（4）事故教训和整改措施

这是一起由于作业人员违章操作，施工现场负责人未对特种作业人员实施有效管理而导致的生产安全责任事故。事故单位应从事故中吸取的教训如下：

1）施工单位应加强对特种作业人员的安全管理，审核其上岗资格，杜绝无证上岗。

2）施工单位应做好作业人员安全教育，增强安全知识，提高安全操作技能。

3）施工单位应加强对现场的安全检查，及时发现生产安全事故隐患并予以消除。

（5）相关知识与管理借鉴

这起事故涉及挖掘机，挖掘机又称挖土机，是用铲斗挖掘高于或低于承机面的物料，并装入运输车辆或卸至堆料场的土方机械。从近几年工程机械的发展来看，挖掘机的发展相对较快，已经成为工程建设中最主要的工程机械之一。在挖掘机的操作中应注意下列安全事项：

1）挖掘机工作时，应停放在坚实、平坦的地面上。对于轮胎式挖掘机，应把支腿顶好。

2）挖掘机工作时应当处于水平位置，并将走行机构刹住。若地面泥泞、松软或有沉陷危险时，应用枕木或木板垫妥。

3）挖掘机装载活动范围内，不得停留车辆和行人。

4）挖掘机回转时，应用回转离合器配合回转机构制动器平稳转动，禁止急剧回转和紧急制动。

5）履带式挖掘机移动时，臂杆应放在走行的前进方向，铲斗距地面高度不超过 1 米，并将回转机构刹住。

6）挖掘机不论是作业或走行时，都不得靠近架空输电线路。

7）夜间工作时，作业地区和驾驶室应有良好的照明。

## 11. 混凝土搅拌车倒车撞上混凝土泵车倾斜伤人事故

2013 年 8 月 14 日 4 时 05 分左右，安徽省滁州市某建筑工地 1 号楼、2 号楼施工现场发生一起混凝土泵车受撞击失稳伤人事故，泵管打击一名现场工人至重伤，经抢救无效死亡。

（1）项目基本情况

发生事故的项目是由滁州市某房地产开发有限公司开发、安徽某建设集团有限公司（以下简称安徽建设集团）承建的商品房小区，建设规模为 45 231 平方米，合同价格 9 786. 4 万元。

安徽建设集团根据滁州市相关部门要求，在滁州设立了分公司，并按规定成立项目部。

（2）事故经过和救援情况

2013 年 8 月 13 日晚，项目部安排浇筑 2 号楼 1 轴至 20 轴基础墙柱梁砼，商砼供应单位是滁州市某建筑材料有限公司（以下简称材料公司），采用搅拌车运输、汽车泵泵送的方式浇筑。

8 月 14 日凌晨 4 时 05 分左右，材料公司搅拌车倒车卸料时不慎撞到泵车尾部，导致泵车前部右侧支腿自垫板上滑落，泵车失稳，臂架倾斜下砸，砸中正在旁边进行振捣砼的工人孙某春。

事故发生后，项目部在组织抢救的同时立即拨打“120”急救电话，将伤者送至医院，后经抢救无效于 5 时 18 分死亡。事故造成直接经济损失 112 万元。

（3）事故原因分析

1）直接原因。材料公司混凝土搅拌车司机在倒车时，观察不够，撞上后面的混凝土泵车，致使泵车失稳倾斜，泵管打到孙某春，导致死亡事故发生。

2）间接原因如下：

①材料公司日常安全管理不到位，施工现场运输、卸料时违规操作，无专门人员指挥。泵车作业时，支撑不牢，安全检查不到位。

②项目部日常安全管理缺失，作业现场无安全管理人员。

③监理公司监理人员日常安全监理缺失，事故发生时监理不在场。

经调查认定，这是一起因职工违规操作、现场安全管理严重缺失等原因引发的生产安全责任事故。

（4）事故防范和整改措施

这起事故暴露出安全管理不到位、安全教育不到位、安全隐患排查不到位、安全责任落实不到位仍是安全生产工作中存在的突出问题，教训极为深刻。为有效预防和遏制事故的发生，调查组认为应采取以下措施：

1）强化企业和相关人员资质审查。尤其是分包单位资质、人员资质的审查，加强施工现场管理，解决以包代管的问题，切实做到先安全，后生产。

2）深化安全隐患排查整改。建立并落实日常检查制度，及时发现并消除各类安全隐患。

3）强化安全生产宣传教育培训，着力提高从业人员安全意识和自我防范能力。

（5）相关知识与管理借鉴

这起事故涉及混凝土搅拌车。混凝土搅拌车全称混凝土搅拌运输车，是用来运送搅拌建筑用混凝土的专用卡车。由于它的特殊外形，混凝土搅拌车也常被称为田螺车。这类卡车上都装置圆筒形的搅拌筒以运载混合后的混凝土，在运输过程中会始终保持搅拌筒转动，以保证所运载的混凝土不会凝固。运送完混凝土后，通常都会用水冲洗搅拌筒内部，防止硬化的混凝土占用空间，使搅拌筒的容积越来越小。

混凝土搅拌车由于体型大，前后观察不便利，特别是在出入建筑工地时，受施工堆积物料的影响，道路一般较窄，路面环境也不好，驾驶难度比较大。如果遇到下雨，路面泥泞，容易打滑陷车，或者发生撞人事故。这起事故就发生在混凝土搅拌车倒车时，由于观察不够，撞上后面的混凝土泵车，致使泵车失稳倾斜，泵管打到作业人员，导致事故的发生。故此，混凝土搅拌车在进出建筑工地、倒车时，要特别注意观察四周情况，确保安全，预防发生事故。

## 12. 混凝土搅拌车超载导致路面塌陷失稳侧翻伤害事故

2015 年 4 月 4 日 15 时许，浙江省杭州某建材有限公司（以下简称建材公司）混凝土搅拌车在杭政储（2009）88 号地块商业金融用房项目工地卸料过程中，因混凝土搅拌车超载导致侧翻，发生一起死亡 1 人的车辆伤害事故。事故直接经济损失 110 万元。

（1）项目基本情况

杭政储（2009）88 号地块商业金融用房项目工地（以下简称 88 号工地）位于下沙海达南路和金沙大道交叉口处，施工单位为某建设公司（以下简称建设公司），事故发生时处于桩基工程地下连续墙浇筑阶段。该连续墙施工工艺要求采用 3 支浇筑导管、3 辆混凝土搅拌车同步卸料浇灌。2015 年 1 月 26 日，建设公司（甲方）与建材公司（乙方）签订了混凝土采供合同和工地车辆运输安全协议，建设公司向建材公司采购 12 000 立方米混凝土，总价格为 480 万元。4 月 4 日，建材公司安排 3 台混凝土搅拌车运送混凝土到 88 号工地，准备浇灌地下混凝土连续墙，其中事发混凝土搅拌车为重型专项作业车，自重为 12 吨，核定装载量为 12 吨；而事故发生时实际装载量约 21 吨（9 立方米混凝土），超载 9 吨。

（2）事故经过和救援情况

2015 年 4 月 4 日 14 时许，建材公司总调度员安排周某等 3 名司机，分别驾驶 3 台混凝土搅拌车运送混凝土到 88 号工地。混凝土搅拌车到达工地后，由建设公司项目部机械员罗某阳引导。14 时 50 分左右，罗某阳将前 2 辆混凝土搅拌车引导停入指定位置后，站在周某驾驶的混凝土搅拌车左后方引导倒车。周某在倒车过程中，因车辆严重超载，导致左后轮处的地面塌陷，车辆失稳向左侧翻，罗某阳因躲闪不及，被压在混凝土搅拌车下面。

事故发生后，项目部立即启动应急救援预案进行施救，将罗某阳救出后送往医院抢救。罗某阳终因伤势过重，于当日下午抢救无效死亡。

（3）事故原因分析

1）直接原因。建材公司违反交通运输安全管理规定，混凝土搅拌车严重超载，导致路面塌陷，造成车辆失稳后侧翻。

2）间接原因。建材公司没有及时发现并消除混凝土搅拌车严重超载所带来的事故隐患，未采取有效安全防范措施；安全教育不严格，作业人员安全意识淡薄；生产现场管理不严格，安全生产规章制度不落实。

（4）事故教训和整改措施

1）深刻吸取事故教训，严格落实生产安全管理规定。建材公司要举一反三，深刻吸取事故教训，修订完善安全生产规章制度和安全生产责任制，认真落实道路交通运输安全管理等各项规定，杜绝混凝土搅拌车超载超速等违章违法行为，防止类似问题的再发生，确保安全生产。

2）加强安全工作检查，切实消除事故隐患。建材公司要建立健全安全生产事故隐患排查制度，定期组织开展安全生产检查，重点检查混凝土搅拌车超载超速等违章违法行为，及时研究安全工作对策，逐条制定落实整改措施，切实把事故隐患消灭在萌芽状态。

3）强化员工安全教育，切实提高安全意识。建材公司要严格按照安全生产法律、法规的要求，及时组织开展对各类作业人员的三级教育培训，尤其要加强交通运输安全规定的教育培训，定期组织安全知识考核，强化安全教育质量，不断提高员工的安全意识。

（5）相关知识与管理借鉴

这起事故涉及混凝土搅拌车的超载。混凝土搅拌车严重超载，导致路面塌陷，造成车辆失稳后侧翻，结果发生事故。

驾驶混凝土搅拌车难度比较大，而且不论进料还是卸料，一般都是通过倒车进入搅拌站或者卸料口，半挂车倒车更加困难，要想倒进进料口或卸料口都比较麻烦，这在一定的程度上会影响运营的效率。而且混凝土运输对时间还有要求，一般从进料到卸完料的时间不能超过 90 分钟。

除此之外，现在国内混凝土市场都是按照“方”来计算价格，少跑一趟、少拉一些，就意味着少挣一趟的钱。为了多赚钱，许多混凝土搅拌车会采取超载的方式进行运输，于是车辆就十分危险，不时有搅拌车出事伤人的悲剧发生。从保证安全的角度讲，一方面要求混凝土搅拌车公司和驾驶人员不超载运输，另一方面需要在道路硬化上下功夫，保证运输道路坚实牢固，避免类似事故重复发生。

混凝土搅拌运输车驾驶安全注意事项主要有以下几点：

1）作业前必须进行检查，确认转向、制动、灯光、信号系统灵敏有效，搅拌运输车滚筒和溜槽无裂纹和严重损伤，搅拌叶片磨损在正常范围内，底盘和副车架之间的“U”形螺栓连接良好。

2）了解施工要求和现场情况。驾驶混凝土搅拌运输车应事先选择行车路线和停车地点。

3）在社会道路上行驶必须遵守交通规则。转弯半径应符合使用说明书的要求，速度不大于 15 千米/小时，进站速度不大于 5 千米/小时。

4）作业时，严禁用手触摸旋转的滚筒和滚轮。

5）倒车卸料时，必须服从指挥，注意周围人员，发现异常立即停车。

6）严禁在高压线下进行清洗作业。

## 五、起重伤害事故

现在在建筑施工中，时刻都离不开起重作业。起重机械的大量使用，也不可避免地带来起重伤害。起重伤害不仅是建筑业常见事故之一，也是发生概率较高的事故之一。起重伤害主要有4种类型。一是易出现因操作起重设备过程中失误而引发的伤害，如出现碰撞、吊件失落、吊钩带人、选用起重支撑点不合理、未检查有隐患的设备就进行操作以及其他违章行为操作等。二是因钢丝绳出现问题引发的伤害。例如，使用了断股钢丝绳、操作中钢丝绳被硌断、因起重设施没有限位装置钢丝绳被拉断、因起重设备运行中遇不规则建筑物障碍钢丝绳被拉断等。三是在拆卸和组装起重设备作业中引发的伤害。其主要原因是，在拆卸和组装起重设备时未能严格按照规定程序进行。四是因对缆风绳不能正确掌握及使用所致的伤害。例如，盲目去掉设备的缆风绳、不按规定程序拆去缆风绳、无措施或措施不当拆去缆风绳、乱用其他材料替代缆风绳等。

对起重机械和起重作业的安全管理包括资料的管理、拆装升降的管理、塔机基础的管理、塔机安全距离的设置、塔机和其他起重机械安全装置的管理、起重机械安全稳定性管理、起重机械电气安全管理、起重机械附墙装置的管理、人员安全操作的管理、起重机械的安全检查等。

起重机械在安装前后和日常使用中都需要进行检查，检查中要关注金属结构焊缝不得开裂，金属结构不得有塑性变形，连接螺栓、销轴质量符合要求，有止退、防松的措施，连接螺栓要定期安排人员预紧，钢丝绳润滑保养良好，断丝数不得超标，绝不允许断股，绳卡接头符合标准，减速箱和油缸不得漏油，液压系统压力正常，刹车制动和限位保险灵敏可靠，传动机构润滑良好，安全装置齐全可靠，电气控制线路绝缘良好，杜绝起重机械带“病”作业。

### 1. 塔吊司机违章野蛮操作快速回转导致塔吊倒塌事故

2015 年 1 月 14 日 8 时 07 分许，由宁波某建筑股份有限公司（以下简称宁波建筑公司）施工的湖南省长沙市岳麓区杜鹃路奥克斯缔壹城 5 号地块建设工地发生一起起重伤害事故，造成 2 人死亡、1 人轻伤，直接经济损失 179. 47 万元。

（1）项目基本情况

奥克斯缔壹城为长沙某置业有限公司（以下简称置业公司）投资开发的城市综合体项目，总建筑面积约 43. 3 万平方米。其中 5 号地块商业区由 3 栋建筑组成，建筑面积为 13. 1 万平方米，自西向东一字排开，分别为 1 号栋 27 层公寓楼、2 号栋 4 层商场、3 号栋 25 层办公楼。5 号地块商业区建设工程由宁波建筑公司总承包施工，由某监理公司实施监理。至事发当天，公寓楼主体工程已建至 2 层，办公楼已建至第 15 层，商场主体东侧楼层已建至 4 层封项，西侧楼层已建至 2 层。

2014 年 2 月 12 日，宁波建筑公司长沙奥克斯缔壹城建设项目部

（以下简称宁波建筑公司项目部）与长沙某租赁公司（以下简称租赁公司）签订了设备租赁合同、长沙市建筑起重机械安装合同。租赁公司于5月12日编制了塔吊基础专项施工方案，经审查同意后，组织人员于6月5日开始安装2号塔吊（事故塔吊位于商场建筑工地南侧约3米位置，现场编号为2号），6月10日共安装完成14个标准节（安装高度33.6米），并对2号塔吊进行调试与自检。6月17日，2号塔吊由湖南某安全监测技术服务有限公司检测合格，经联合验收后交付宁波建筑公司项目部使用。2号塔吊司机余某奎，以及指挥兼司索工肖某军、吴某惠（女）均系宁波建筑公司员工，均持有建筑施工特种作业操作资格证。

（2）事故经过和救援情况

2015年1月14日8时许，2号塔吊司机余某奎在指挥兼司索工肖某军（站在商场东侧四楼楼面东南角位置）的引导下，驾驶2号塔吊将制作好的钢筋成品从商场西侧2层楼面转运至商场东侧4层楼面作业区，待作业人员解开吊索后，未等肖某军发出操作指令，便进行起升吊钩（吊钩上挂着吊索）作业。随后，余某奎将塔臂“操作杆”从空挡直接推到第3挡（最高挡位为3挡，按操作规程要求应当从空挡推到第1挡后，逐步加速到第3挡），塔臂自北向南作逆时针方向快速回转动作。同时，余某奎操作变幅小车向塔臂远端运行，并习惯性地目视塔臂前端。

当起重臂运转至与建筑物外墙大致平行位置时，吊索触碰并缠绕外架内侧立杆，吊索末端“U”形吊环挂住外架平台扣件，使塔机运转受阻，此时塔吊操作未停止，起重臂承受前倾力矩作用向前、向下倾斜。当吊索吊环突然从外架内侧立杆滑脱后，前倾力矩产生的作用力被突然释放，塔吊瞬间承受巨大的后倾力矩，使塔身加强标准节（第2节）与通用标准节（第3节）连接位置的起重臂侧主弦杆连接高强度螺栓因承受超负荷拉力而被拉断，同时使塔吊加强标准节与通用标准节连接位置平衡臂侧的高强度螺栓被破坏，主弦杆连接套附近母材被撕裂，塔臂朝塔身后方翻转后下坠。与此同时，塔帽、塔吊回转及回转支座连同塔身一起坠落在塔身后面，塔臂向后翻转 180°坠落至地面，砸中正在 2 号塔吊东边地面作业的 2 名工人，司机余某奎连同塔吊驾驶室一同坠落，塔吊臂端朝东、臂根朝西。

事故发生后，现场人员立即拨打了“120”急救电话。8 时 20 分左右，事故塔吊司机余某奎、被困人员易某林（钢筋工）被救出送至附近医院进行抢救，易某林经救治无效死亡，余某奎伤势稳定。另 1 名被困人员徐某传（泥工）被压在坠落的塔吊起重臂下面，后经救援人员采用汽车吊、切割机等工具全力救援，13 时 30 分左右被救出时已无生命体征，确认死亡。

（3）事故原因分析

1）直接原因。塔吊司机余某奎违章野蛮操作塔吊，未等塔吊指挥发出操作指令擅自进行起升吊钩作业。违规操作塔臂进行快速回转动作，致使吊钩吊索没有避开作业范围内的外架障碍物，当吊索突然从外架内侧立杆滑脱后，塔臂瞬间承受巨大后倾力矩导致塔吊倒塌，引发事故。

2）间接原因如下：

①宁波建筑公司项目部施工安全主体责任不落实，未按规定对危险性较大的吊装作业安排专门人员进行现场管理。安全员对 2 号塔吊司机违章操作的行为未给予足够重视，未及时采取有效措施消除事故隐患。塔吊指挥履职不到位，在塔吊司机违章野蛮操作过程中，未采取有效措施加以制止。

②监理公司监理人员未认真履行安全监理责任，在事发当日未按规定要求安排人员进行安全巡查，致使事故隐患未能被及时发现并

消除。

（4）事故教训和整改措施

1）建设部门要督促建设单位、施工单位、监理单位和设备租赁单位严格落实安全生产主体责任，加强对塔式起重机的安装、使用、维护和拆卸的管理；要对在建项目塔式起重机的使用和管理情况进行一次安全大检查，严查各类违规违章行为的发生。

2）宁波建筑公司要增强安全生产主体责任意识，加大对施工现场组织领导、力量投入和监控检查的力度，及时发现和消除事故隐患，杜绝违法、违规操作行为；要深刻吸取本次事故血的惨痛教训，完善塔式起重机的安全管理制度，进一步规范塔式起重机的承租、安装、验收、使用、维护等工作，做到严格管理，确保万无一失；要进一步完善和落实安全生产教育培训工作，提升作业人员安全生产意识和能力，从根本上提高企业安全生产水平。

3）监理公司要严格执行安全生产法律法规，进一步强化安全生产监理责任意识，落实监理工作责任制，严格要求施工现场监理人员认真履行安全生产监理职责，及时发现和纠正各类违规违章行为，消除各类事故隐患。

4）置业公司要加大对施工现场安全生产的监督检查力度，督促施工单位和监理单位认真履行好安全生产主体责任和监管职责，切实加强对整个项目每一个环节、每一个部位的安全管理，及时发现和解决施工中存在的安全隐患和问题，确保整个项目文明施工，安全生产。

（5）相关知识与管理借鉴

这起事故由塔吊司机野蛮操作导致。塔吊司机应该按照规定要求进行安全操作。安全操作的要点如下：

1）司机必须按所驾驶塔式起重机的起重性能进行作业。起吊重物必须遵守相关规定要求。

2）机上各种安全保护装置运转中发生故障、失效或不准确时，必须立即停机修复，严禁带“病”作业和在运转中进行维修保养。

3）司机必须在佩戴指挥信号袖标的人员指挥下严格按照指挥信号、旗语、手势进行操作。操作前应发出声音信号，对指挥信号辨不清时不得盲目操作。司机对指挥错误有权拒绝执行或主动采取防范或相应紧急措施。

4）起重量、起升高度、变幅等安全装置显示或接近临界警报值时，司机必须严密注视，严禁强行操作。

5）操作时司机不得闲谈、吸烟、看书报和做其他与操作无关的事情。不得擅离操作岗位。

6）当吊钩滑轮组起升到接近起重臂时应用低速起升。

7）严禁重物自由下落，当起重物下降接近就位点时，必须采取慢速就位。重物就位时，可用制动器使之缓慢下降。

8）使用非直撞式高度限位器时，高度限位器作以下调整：吊钩滑轮组与对应的最低零件的距离不得小于 1 米，直撞式不得小于 1.5 米。

9）严禁用吊钩直接悬挂重物。

10）操纵控制器时，必须从零点开始，推到第一挡，然后逐级加挡，每挡停 1~2 秒，直至最高挡。当需要传动装置在运转中改变方向时，应先将控制器拉到零位，待传动停止后再逆向操作，严禁直接变换运转方向。对慢就位挡有操作时间限制的塔式起重机，必须按规定时间使用，不得无限制使用慢就位挡。

11）操作中平移起重物时，重物应高于其所跨越障碍物高度至少 100 毫米。

12）起重机行走到接近轨道限位时，应提前减速停车。

13）起吊重物时，不得提升悬挂不稳的重物，严禁在提升的物体上附加重物，起吊零散物料或异形构件时必须用钢丝绳捆绑牢固，应先将重物吊离地面约 50 厘米停住，确认制动、物料绑扎和吊索具无误后方可指挥起升。

14）起重机在夜间工作时，必须有足够的照明。

15）起重机在停机、休息或中途停电时，应将重物卸下，不得把重物悬吊在空中。

## 2. 起吊过程中未离开吊臂作业范围被钢板砸中事故

2016 年 2 月 14 日 16 时 30 分左右，江苏省南通市新建大桥栈桥施工现场，南通某公司（以下简称南通公司）在起吊栈桥桥面钢板的过程中，1 名作业人员被滑落的栈桥桥面钢板砸中，经抢救无效死亡。

（1）项目基本情况

事发时栈桥建设刚刚开始，栈桥采用“钓鱼法”施工，下部结构在河床上插打钢板桩，在桩顶铺设分配梁，在分配梁上安装贝雷梁组，贝雷梁上铺设桥面板。事发时正在施工的是第 6 跨栈桥的桥面板安装精调。

（2）事故经过和救援情况

2016 年 2 月 14 日 16 时 20 分左右，南通公司工人陈某、刘某、吴某 3 人在南主墩栈桥施工现场进行起吊作业。其中陈某是代班长，负责安装板卡；吴某是吊车司机；刘某负责起重机械指挥。16 时 30 分左右，陈某将 2 个板卡卡在栈桥钢板（长约 8 米，宽 2 米，重约 2 吨）一侧的两端，刘某询问陈某板卡是否夹好，陈某回答夹好了，刘某示意陈某让开并向吴某下达起吊指令，但陈某并未离开吊装区域。吊车将栈桥钢板吊起离栈桥面约60厘米，因板卡夹装不规范加之江面风大，右边的板卡松脱，钢板滑落砸在陈某身上，并将其压在钢板下。

事故发生后，刘某立即上前将脱落的板卡重新夹上，吴某将钢板吊起把陈某救出，随后现场管理人员安排车辆将陈某送往医院抢救，陈某因颅脑外伤经抢救无效死亡。

（3）事故原因分析

1）直接原因。陈某未按规范对长、大物件进行夹装，并且在起吊过程中未离开吊臂作业范围，被松脱的钢板砸中导致死亡。

2）间接原因如下：

①刘某在陈某未离开吊臂作业范围时，就下达起吊指令，是事故发生的重要原因。

②吴某未严格遵守“十吊十不吊”原则，盲目听从刘某起吊指令，在陈某未离开吊臂作业范围时就进行起吊作业，是事故发生的重要原因。

③南通公司对作业人员的安全管理不到位，对现场的违规行为和安全隐患排查整改不力，未确保操作规程落实到位，是事故发生的原因之一。

④总包单位对劳务公司的安全管理不到位，未严格履行总承包单位的安全职责，是事故发生的原因之一。

（4）事故教训和整改措施

1）南通公司要深刻吸取事故教训，举一反三，全面排查整改事故隐患，杜绝违规作业。要切实落实安全生产责任制，加强对劳务作业人员的安全教育，强化对施工作业安全技术交底的针对性，严格进行劳务班组的安全管理，加大违规违章的查处力度，全面提升员工的安全生产意识。

2）总包单位要提高安全生产法律意识，要按照《安全生产法》规定，完善对劳务人员统一管理机制，对外包施工人员进行统一协调管理，加大对项目部的管控力度。总包单位要加强施工现场的安全管理，及时消除安全隐患。

（5）相关知识与管理借鉴

在这起事故中，3 个人作业，一人是塔吊司机，一人指挥，另外一人负责挂钩作业，将 2 个板卡卡在栈桥钢板上，结果板卡没有卡好，钢板掉落下来，把还没有离开危险区域的作业人员砸死。追究责任，指挥塔吊的指挥信号工要承担主要责任。指挥信号工责任重大，必须具备相应的知识和操作能力，具体要求如下：

1）应掌握所指挥的起重机的技术性能和起重工作性能，能定期配合司机进行检查，能熟练地运用手势、旗语、哨声和通信设备。

2）能看懂一般的建筑结构施工图，能按现场平面布置图和工艺要求指挥起吊、就位构件、材料和设备等。

3）掌握常用材料的质量和吊运就位方法及构件重心位置，并能计算非标准构件和材料的质量。

4）正确地使用吊具、索具，编插各种规格的钢丝绳。

5）有防止构件装卸、运输、堆放过程中变形的知识。

6）掌握起重机最大起重量和各种高度、幅度时的起重量，熟知吊装、起重有关知识。

7）具备指挥单机、双机或多机作业的指挥能力。

8）严格遵守“十不吊”的原则，即被吊物质量超过机械性能允许范围不吊，信号不清不吊，吊物下方有人不吊，吊物上站人不吊，埋在地下物不吊，斜拉斜牵物不吊，散物捆绑不牢不吊，立式构件、大模板等不用卡环不吊，零碎物无容器不吊，吊装物质量不明不吊等。

对于挂钩工来讲，则需要具备下列知识和操作能力：

1）作业前，应穿戴好安全帽及其他劳动防护用品。

2）根据吊重物件的具体情况选择相适应的吊具与索具。

3）作业前应对吊具与索具进行检查，合格后方可投入使用。

4）起升吊重物前，应检查连接点是否牢固可靠。

5）吊具承载时不得超过额定起重量，吊索（含各分支）不得超过安全工作载荷（含高低温、腐蚀等特殊工况）。

6）作业中不得损坏吊件、吊具与索具，必要时应在吊件与吊索的接触处加保护衬垫。

7）起重机吊钩的吊点，应与吊装物重心在同一条铅垂线上，使吊装物处于稳定平衡状态。

8）禁止司索或其他人员站在吊物上一同起吊，严禁司索人员停留在吊装物下。

9）起吊重物时，司索人员应与重物保持一定的安全距离。

10）应做到经常清理作业现场，保持道路畅通。安全通道畅通无阻。

11）听从指挥人员的指挥，发现不安全情况时，及时通知指挥人员。

12）应经常保养吊具、索具，确保使用安全可靠，延长使用寿命。

13）在高处作业时，应严格遵守高处作业的安全要求。

14）捆绑后留出的绳头，必须紧绕在吊钩或吊物上，防止吊物移动时，绳头挂住沿途人员或物件。

15）吊运成批零散物件时，必须使用专门吊篮、吊斗等器具。同时吊运2件以上重物，要保持平稳，不得相互碰撞。

16）吊重物就位前，要垫好衬木，不规则物件要加支撑，保持平衡。不得将物件压在电气线路和管道上面，或堵塞通道，物件堆放要整齐平稳。

17）卸往运输车辆上的吊物，要注意观察中心是否平稳，确认不致倾倒时，方可松绑，卸物。

18）工作结束后，所使用的绳索吊具应放置在规定的地点，加强维护保养。达到报废标准的吊具、索具要及时更换。

### 3. 塔机维修作业塔臂转动失去平衡造成倒塌事故

2013 年 5 月 13 日 10 时左右，河北固安县某房地产开发公司（以下简称固安房地产公司）孔雀新城合园 17 号楼发生一起起重伤害事故，共造成 2 人死亡，直接经济损失 150 万元。

（1）项目基本情况

孔雀新城合园建设单位为固安房地产公司，施工单位为某建设集团有限公司（以下简称建设公司），监理单位为廊坊市某工程建设监理有限公司，工程地点位于 106 国道西侧、朝阳大道南侧，建筑面积 72 296. 61 平方米。

2013 年 1 月 18 日，建设公司设备部同固安某建筑材料设备租赁有限公司（以下简称设备租赁公司）签订塔式起重机租赁合同。该塔机由设备租赁公司于 2013 年 4 月 15 日完成安装，但未进行检测验收，尚未正式交付使用。

（2）事故经过和救援情况

5 月 13 日 9 时左右，设备租赁公司负责人林某鹏安排刘某林、赵某超、葛某维修孔雀新城合园 17 号楼塔式起重机。开始维修时，他们发现需要紧固的塔机第一节和第二节螺栓因生锈无法紧固，现场带班人刘某林经请示林某鹏后决定用手砂轮切割掉旧螺母更换新螺母再紧固。刘某林和维修工葛某一起更换了塔机西北角螺母后，刘某林离开现场，葛某和另一名维修人员赵某超继续维修，从塔机东北角螺母开始进行切割，在没有更换新螺母的情况下依次切割掉了塔机东北角、东南角的4个螺母。这时塔臂转动，塔身失去平衡，倒向塔基西侧21号楼大模板存放区，塔身将大模板砸倒，倾倒的大模板砸中正在大模板区工作的大模板工文某刚，造成文某刚死亡。塔司张某楠从塔机操作室坠落造成重伤。

事故发生后，施工现场工作人员立即拨打了“120”急救电话救治伤员，并通知负责人林某鹏。建设公司项目负责人也赶到现场组织抢救。张某楠被“120”救援人员送到医院救治，因抢救无效死亡。

（3）事故原因分析

1）直接原因。维修工葛某一次切割同侧2个位置的4个塔节螺母，塔司张某楠未经指令启动塔机，塔臂转动使塔身失去平衡，造成塔机倒塌。

2）间接原因如下：

①设备租赁公司指派无维修资格员工从事塔机维修工作，维修人员缺乏必要的安全维修作业技能。

②建设公司与设备租赁公司签订的安全管理协议内容不完善，未规定塔机重点部位维修程序；现场监督人员疏于现场监督管理，没能及时发现和排除维修现场安全隐患。

（4）事故教训和整改措施

为认真吸取这起起重伤害的事故教训，确保建筑施工安全生产，有效预防和遏制建筑施工事故的发生，针对这起事故暴露出的问题，提出如下整改措施：

1）建设公司要切实加强建筑施工安全生产工作，建立并执行好安全生产各项规章制度，将安全生产责任落实到每个环节、每个岗位、每个职工，确保安全生产。要强化施工现场的安全管理，全面排查治理安全隐患。加大对施工现场的安全管理及对施工设备、机具和其他设施设备的监督检查力度。

2）建设公司要认真抓好安全教育培训，提高从业人员的安全技能。督促企业抓好对施工一线人员，特别是新进场人员、特种作业人员和劳务分包企业人员的三级安全教育，使施工作业人员自觉遵守安全技术操作规程，杜绝违章作业。

3）设备租赁公司要建立并执行好安全生产各项规章制度，将安全生产责任落实到每个环节、每个岗位、每个职工，确保安全生产。为防止同类事故再次发生，应吸取教训，加强对机械设备的管理，加大对机械设备的日常巡回检查力度。加强对操作人员的巡查监管，规范操作维修工人日常作业行为。确保各机械设备得以正常使用，保证项目机械设备的安全无事故运行。

4）设备租赁公司要认真做好安全教育培训，定期对操作维修人员进行安全教育与设备安全使用操作规程的培训，提高从业人员的安全技能。抓好对施工一线人员，特别是安全管理人员、新进场人员、特种作业人员和机修人员的安全教育，使施工作业人员自觉遵守安全技术操作规程，杜绝违章作业和冒险行为。

（5）相关知识与管理借鉴

这起事故发生在塔吊维修过程中，事故发生的原因主要是疏忽大意，没有按照规定要求和规定程序进行操作。

近些年来，随着科学技术的发展和建筑机械化水平的不断提高，以及建筑工程的复杂程度不断增加，塔吊的使用越来越多，使用范围也日益广泛。起重机械的广泛使用，加快了施工进度，有利于提高工程质量，减轻施工人员的劳动强度。建筑施工与其他行业不同，主要是露天作业，现场条件差，高空作业多，受自然环境影响大，起重机械设备容易磨损、锈蚀，而且维修保养不便。这不仅缩短了机械设备的使用寿命，降低了生产效率，而且还容易造成不安全因素，许多起重机械伤害事故的发生，都与起重机械的使用不当与维护保养不善有关。

在起重机械的维护保养方面，要注意以下事项：

1）从事与塔式起重机的安装、改造、维修有关的特殊作业人员和安全管理人员必须具备相应的资质，并熟悉相关安全规定。

2）维修作业前，技术人员应对作业人员进行技术交底，明确作业程序、质量要求和安全措施。

3）从事塔式起重机安装、改造及维修的人员必须身体健康，经体检合格，无心脏病、高血压、精神不正常等疾病，并具备高空作业的身体条件，符合相关规定要求。

4）作业现场的电动设备和机具必须按规定安装漏电保护器并接地，照明用电应安全可靠。

5）作业现场应配备必需而足量的消防器材，明火作业应有专人监护，并按规定采取可靠的防范措施。用于塔式起重机安装、改造、维修作业的机具、吊具和索具以及其他涉及作业安全的用具必须进行检查，确认符合安全要求后方可使用，必要时应经验证或试验确定。作业人员必须熟悉其性能、参数和操作规程，并能熟练操作。

6）作业过程中如需利用建筑物结构系索、吊具时，对建筑物的结构必须经过验算，满足安全承载要求，并经过主管部门批准后方可实施。

### 4. 塔吊顶升作业走捷径不按规范固定人员坠落事故

2016 年 7 月 24 日 10 时 50 分左右，位于湖南省长沙市岳麓区的麓山丰联（又名西城学府）项目建设工地在进行塔式起重机顶升作业和安装附着准备时，发生一起高处坠落事故，造成1人死亡，直接经济损失163万元。

（1）项目基本情况

麓山丰联项目由某置业公司投资建设，建设内容为住宅建筑和商业建筑，总建筑面积43 246.61平方米，建筑高度99.55米，地上31层，地下3层。该项目由某建设公司（以下简称建设公司）负责施工总承包，由某项目管理公司负责施工监理。项目于2015年8月施工建设。

根据施工需要，建设公司麓山丰联项目部租赁了某租赁公司（以下简称租赁公司）的1台塔式起重机，型号为QTZ 80（TC 5610—6），塔机于2015年8月30日由租赁公司派人安装，9月2日由国家建筑城建机械质量监督检验中心检测合格。至事故发生时，该塔机已经完成5次顶升，共安装标准节40个，附着6道。根据施工进度，项目部需要对工地塔机进行第6次顶升加节和安装附着。

（2）事故经过和救援情况

2016年7月24日8时40分，租赁公司刘某歌带领公司的刘某超（项目技术负责人）、田某奇（安装拆卸工）、田某刚（安装拆卸工）、向某根（塔机操作员）到达麓山丰联项目建设工地。刘某歌随后走到项目部办公室协调顶升作业的相关事宜，由于项目部经理当时不在现场，考虑公司还要在望城区另外一个工地安装塔机，且危险性较大，于是就交代刘某超“今天能安装就安装，不能安装就算了”，随后就离开了工地赶往望城区。10时许，刘某超负责找项目部安全员武某合协调相关事宜，田某奇、田某刚、向某根3人乘坐施工电梯到达26楼，然后步行至27楼，在27楼遇见了项目部安全员武某合。武某合交代他们进入工地要戴好安全帽，系好安全带（3名作业人员均没有安全带)，就到别处巡查去了。田某刚在27楼坐了十来分钟，因肚子不舒服就下到楼底去了。田某奇与向某根一直等到10时50分左右，向某根上到28楼，看见塔机还在进行吊装作业，于是问田某奇："天气这么热，到底还能不能进行顶升施工作业?"田某奇回答："要等刘某超回来后才能确定。"向某根掀开楼层北侧靠近塔机位置的安全防护网，准备顺着塔机的标准节爬上塔机驾驶室向操作员了解塔机还需要使用多长时间。由于28楼外架与塔机之间没有通道，向某根便从旁边搬了一块脚手板，一端搭设在外架架管上，另一端搭设在塔机的标准节横梁上（塔机标准节最近的横梁与脚手架之间有近1.2米的空间，脚手板长度为2米)。由于脚手板搭设不规范（两端必须固定)，加上脚手板搭设在塔机标准节横梁一端的伸出长度不够，向某根走到脚手板靠近塔机位置时，脚手板在向某根自身重力作用下下沉，造成前端脱离塔机标准节横梁，向某根随着脚手板一同坠落至地面。项目部闻讯后，迅速将其送往医院，经医院鉴定已经死亡。

（3）事故原因分析

1）直接原因。在塔吊顶升作业时，向某根为了走捷径，在28楼外架与塔机机身没有通道的情况下，擅自将脚手板架设在外架架管与塔机的标准节上，且脚手板两端没有按照相关规范要求牢固固定。当向某根走到脚手板靠近塔机位置时，由于自身重力导致脚手板下沉，脚手板前端脱离标准节横梁引发事故。

2）间接原因如下：

①租赁公司对塔机的顶升作业组织不严密，在没有接到项目部正式通知的情况下，组织安装人员进场准备进行顶升作业；进场后没有组织安全技术交底，没有与项目部搞好沟通协调，没有安全管理人员在现场组织管理。租赁公司安全培训教育不到位，作业人员安全意识

不强，缺乏安全操作技能。

②项目部负责人将工地需要进行第 6 次顶升加节的情况通知租赁公司后，未对下一步的工作进行统筹安排，计划组织不够严密；管理人员在租赁公司顶升施工作业人员进场后，未及时将情况报告项目部负责人，未进一步确认当时能否进行顶升作业；发现作业人员不系安全带进入施工现场后，未及时予以纠正。

（4）事故教训和整改措施

1）建筑机械设备安装单位要完善各项安全生产管理制度和操作规程，切实加强安全管理。安装单位应加强员工的安全培训教育，增强安全防范意识和安全操作技能；严格按照《建筑起重机械安全监督管理规定》（中华人民共和国建设部令第 166 号）和相关操作规程组织起重设备的安装、拆卸，作业前要根据安全技术标准及建筑起重机械性能要求，认真编制建筑起重机械安装、拆卸工程专项施工方案，认真组织安全技术交底；积极与施工总承包单位搞好组织协调，落实各项安全防范措施；作业中督促专业技术人员、专职安全生产管理人员加强现场监督，坚决杜绝违规作业和冒险蛮干等行为。

2）施工总承包单位要增强安全生产主体责任意识，加大对施工现场组织领导、力量投入和安全检查的力度，及时发现和消除事故隐患。施工总承包单位要进一步规范建筑起重机械的租赁、安装、验收、使用、维护、拆卸等工作。在安装、拆卸队伍进场施工作业前，施工总承包单位要对安装单位提供的资料和方案进行认真审核，对特种作业人员的持证情况进行认真核对；认真组织安全技术交底，严格落实安全防范措施；加强现场安全管理，在监理人员和安全员未到场的情况下，不得同意安装队伍进场施工。

3）监理单位要认真履行安全监理职责，严格审核把关建筑起重设备的各种证书、证明文件、施工方案、应急预案、安装和操作人员的特种作业资格证等资料，杜绝问题设备进入工地使用，杜绝弄虚作假和安装人员、操作人员无证上岗；要加强对建筑起重设备使用、维护和拆卸情况的监督检查，严格落实危险性较大分项工程施工的监理人员旁站制度，及时发现存在的问题；要督促施工单位落实各项安全防护措施，确保施工作业的安全。

4）建设单位要切实加强施工现场的监督检查，督促施工单位和监理单位履行安全生产管理职责；要加大隐患排查和整改力度，确保安全生产。

（5）相关知识与管理借鉴

这起事故发生在塔吊顶升作业中。需要注意的是，塔机拆装作业是事故的多发阶段。因拆装不当和安装质量不合格而引起的安全事故占有很大的比例。塔机拆装必须要具有资质的拆装单位进行作业，而且要在资质范围内从事安装和拆卸。拆装人员要经过专门的业务培训，有一定的拆装经验并持证上岗，同时要确保各工种人员齐全，岗位明确，各司其职，听从统一指挥。

在拆装过程中要设立警戒区和警戒线，安排专人进行警戒，禁止无关人员进入警戒区，严格按照拆装程序和说明书的要求进行作业。当风力超过 4 级时，要停止拆装。风力超过 6 级时，塔机要停止起重作业。特殊情况确实需要在夜间作业的要有足够的照明。需要汽车吊配合安装的施工现场要与汽车吊司机就有关拆装的程序和注意事项进行充分的协商并达成共识。

## 5. 顶升作业操作失误端头脆性断裂塔机倒塌伤害事故

2010 年 11 月 12 日，位于北京市经济技术开发区科创 6 街（东区 B3M3 地块）北京某医药科技有限公司（以下简称医药公司）生产楼等3项工程施工现场，6名作业人员在实施塔式起重机安装作业过程中，塔式起重机发生倾覆，造成现场安装人员3人死亡，2人受伤。

（1）项目基本情况

医药公司生产楼等3项工程的建设单位为医药公司，经工程招投标，该工程总包单位为某建筑技术集团有限公司（房屋建筑工程总承包一级资质，以下简称建筑公司），监理单位为北京某监理有限公司（工程监理综合资质，以下简称北京监理公司）。2010年10月27日，施工单位进场，并成立了以伍某为项目经理的项目部。

2010年10月21日，该项目部与北京某建筑设备安装有限公司（以下简称设备安装公司）签订塔式起重机租赁合同及建筑起重机械安装、拆卸工程安全协议书，租用设备安装公司一台QTZ 630塔式起重机，用于动物医药品生产厂房工地施工起重作业。根据双方租赁合同的约定，设备安装公司负责该塔式起重机的安装工作。

（2）事故经过和救援情况

2010年11月8日，建筑公司和北京监理公司在施工现场起重机械拆装报审表中同意塔吊安装作业。11月9日，伍某将施工现场起重机械拆装报审表报送开发区建设发展局批准。

11月10日，伍某带领自己临时雇用的罗某、吕某、赵某等8名人员进场实施立塔作业，当天完成了大臂、配重及9节标准节的安装。同月11日，由于大风，现场停工一天。12日上午，伍某带领6名人员完成了油泵、大钩及爬升架的安装。同日13时30分左右，现场人员在拆卸地面上连体标准节螺栓后进行顶升作业。15时左右，伍某离开塔式起重机安装现场外出后指定由罗某负责现场指挥。17时35分左右，罗某指挥现场5名人员进行第11节标准节顶升作业，当顶升到第2步时，塔式起重机突然失稳倒塌，将正在塔式起重机爬升架下方安装的3名作业人员砸压致死，2名在爬升架上方作业人员摔伤。

（3）事故原因分析

1）直接原因。塔式起重机安装单位相关负责人未履行安全管理职责，在安装过程中未督促现场人员按照塔式起重机生产厂家使用说明书要求安装，未将顶升横梁两端的轴头准确地放入踏步槽内就位并扶正即实施顶升作业，致使顶升横梁轴头从踏步上滑落，产生侧向作用力。在侧向力的作用下，液压缸活塞杆端头发生脆性断裂，导致塔式起重机失稳倒塌。

2）间接原因如下：

①塔式起重机的租赁和安装单位任由挂靠个人使用其公司资质及安装人员资格承揽和实施塔式起重机安装作业；在该塔式起重机安装过程中，未实施有效的安全管理。

②项目总包单位安全管理不到位，未按照安装方案及施工现场起重机械拆装报审表严格审查现场实际安装人员资格。在该塔式起重机安装过程中，项目总包单位未对顶升作业现场实施有效的监督和管理，未及时发现和消除安装现场存在的安全隐患。

③工程监理单位未严格履行安全监理职责，未对现场实际安装人员资格严格审查，致使无特种作业资格人员从事塔式起重机安装作业；未对安装单位执行建筑起重机械安装工程专项施工方案情况进行监督，未及时发现和消除安装现场存在的安全隐患。

（4）事故教训和整改措施

这是一起由于塔式起重机违规挂靠、操作人员无证上岗、违章作业而导致的生产安全责任事故。应从事故中吸取的教训如下：

1）加强对机械设备产权单位、租赁单位、安装和拆卸单位、使用单位的管理，杜绝挂靠、超资质承揽工程、作业人员无证上岗等情况。

2）起重机械安装和拆卸前，总承包单位应对安装和拆卸人员的资格进行审查。作业过程中，总承包单位应指定专职安全管理人员监督检查。

（5）相关知识与管理借鉴

这起事故之后，事故调查组通过现场勘验和技术鉴定单位的分析结论，复原了事故发生时的情景：塔式起重机正在进行标准节第11节的顶升作业，顶升套架两爬爪与套架均已离开标准节踏步位置被顶升。顶升时，顶升梁南端的轴头没有准确地放入踏步槽内。当油缸活塞杆伸出到310毫米时，顶升横梁南端轴头从踏步上滑出，横梁的轴头轴线与踏步槽轴线产生了偏离，使与横梁相连接的油缸活塞杆端头承受侧向作用力，致使液压缸活塞杆端头发生快速脆性断裂，顶升横梁随即掉落，失去支撑的套架连同塔顶、起重臂、回转支撑部位及司机室、平衡臂和配重在重力的作用下冲击顶升套架爬爪使其断裂并脱出连接爬爪的耳板。顶升套架继续下坠产生蹲塔。塔顶与平衡臂连接拉杆在巨大冲击力的作用下断裂脱落。平衡臂及配重随即冲击塔身，造成塔式起重机倒塌。

在塔吊安装、顶升作业中，施工单位应当做好以下事项：

1）按照安全技术标准及建筑起重机械性能要求，编制建筑起重机械安装、拆卸工程专项施工方案，并由本单位技术负责人签字。

2）按照安全技术标准及安装使用说明书等检查建筑起重机械及现场施工条件。

3）组织安全施工技术交底并签字确认。

4）制定建筑起重机械安装、拆卸工程生产安全事故应急救援预案。

5）将建筑起重机械安装、拆卸工程专项施工方案，安装、拆卸人员名单，安装、拆卸时间等材料报施工总承包单位和监理单位审核后，告知工程所在地县级以上地方人民政府建设主管部门。

6）安装单位应当按照建筑起重机械安装、拆卸工程专项施工方案及安全操作规程组织安装、拆卸作业。安装单位的专业技术人员、专职安全管理人员应当进行现场监督，技术负责人应当定期巡查。

7）建筑起重机械安装完毕后，安装单位应当按照安全技术标准及安装使用说明书的有关要求对建筑起重机械进行自检、调试和试运转。自检合格的，应当出具自检合格证明，并向使用单位进行安全使用说明。

8）安装单位应当建立建筑起重机械安装、拆卸工程档案。

9）建筑起重机械安装完毕后，使用单位应当组织出租、安装、监理等有关单位进行验收，或者委托具有相应资质的检验检测机构进行验收。建筑起重机械经验收合格后方可投入使用，未经验收或者验收不合格的不得使用。

## 6. 汽车吊超载起吊导致副钩起升钢丝绳断裂伤害事故

2015 年 8 月 21 日 15 时 10 分左右，位于湖北省武汉硚口区古田路 57 号的美好公馆施工工地在安装塔吊时发生一起起重伤害事故，造成 4 人死亡、2 人受伤，直接经济损失 396. 3 万元。

（1）项目基本情况

美好公馆项目由某集团于 2015 年规划建设。在建设中，湖北某设备工程有限公司（以下简称设备公司）联系武汉某物流有限公司汽车吊（型号 STC 500）到施工地块进行塔吊安装辅助工作，8 月 21 日上午汽车吊到达现场。

（2）事故经过和救援情况

2015 年 8 月 21 日上午 9 时许，设备公司安拆专业队到达施工地块进行塔吊安装作业，上午 10 时许开始塔吊安装，至 12 时 30 分许完成 3 个标准节及塔帽安装后，施工人员开始吃饭休息。

14 时许，安拆专业队开始塔机平衡臂安装作业，现场作业人员首先使用汽车吊副钩起吊塔机平衡臂，完成了平衡臂与塔身之间销轴的连接。为便于安装平衡臂拉杆，吊车副钩起升使平衡臂尾端上翘，此时汽车吊副钩无法继续提升，司机下落主钩起吊平衡臂尾端，当平衡臂尾端上扬至能够安装拉杆到平衡臂的位置时，收紧副钩并松开主钩，再使用主钩起吊位于塔机塔帽上的平衡臂拉杆，辅助平衡臂拉杆安装。此时，吊装平衡臂的汽车吊副钩钢丝绳突然断裂，塔机平衡臂突然向下翻转紧贴套架，位于平衡臂上的 6 名安装作业人员从平衡臂坠落。

（3）事故原因分析

事故调查组通过事故调查和对事故人证、物证分析，结合专家组技术分析意见，认为造成事故的原因如下：

1）汽车吊臂尖滑轮破损、防脱槽装置失效。在主钩协助副钩起吊平衡臂上扬过程中，副钩起升钢丝绳逐渐松弛，且悬挂点产生偏移，与臂尖滑轮形成一定角度。当副钩再次起升时，起升钢丝绳从臂尖滑轮破损处偏出，因防跳槽装置失效未有效阻挡，致使起升钢丝绳在滑轮与挡板间挤压磨损，挡板撇弯，起升钢丝绳沿挡板翼缘摩擦切割，导致起升钢丝绳部分钢丝股依次断裂，逐渐失去承载力，最终发生断裂。

2）汽车吊超载起吊。汽车吊司机在被告知塔机平衡臂质量超出汽车吊臂尖滑轮的额定起重量的情况下，依然用副钩起吊塔机平衡臂，以致发生副钩在塔机平衡臂上扬过程中无法继续起升，改由主钩协助，导致副钩起升钢丝绳脱槽断裂。

（4）事故教训和整改措施

经调查认定，这起较大起重伤害事故是一起因汽车吊安全防护装置存在缺陷、作业人员安全防护不到位而导致的生产安全责任事故。

1）相关单位应深刻吸取事故教训，牢固树立起安全生产“红线”意识，进一步加强安全生产工作。要严格按照“党政同责、一岗双责、失职追责”的要求，进一步健全安全责任体系，完善安全管理制度，落实安全生产责任。要把安全生产工作摆在更加突出的位置，做到“管行业必须管安全，管业务必须管安全，管生产经营必须管安全”，要优先解决安全生产问题，确保安全发展。要结合正在开展的武汉市安全生产大检查，进一步突出建设工程塔吊、施工电梯、流动式起重设备安全检查，对发现的问题，坚决督促整改到位，防范类似事故再次发生。

2）加强塔吊安装作业安全管理，落实各项安全防范措施。要认真编制塔吊安装专项施工方案，明确相关作业规范、质量要求和安全技术措施，必须经单位技术负责人审核后方可实施。要全面审核施工作业人员的培训和持证上岗情况，所有参与安装的作业人员必须持证上岗，严禁无证上岗作业。要认真做好作业前的安全技术交底和施工方案交底，督促作业人员严格按照安全操作规程进行作业。在使用起重机械等设备设施辅助作业前，要认真查验是否具备生产（制造）许可证、产品合格证，要对设备安全使用状况、安全附件、安全保护装置等进行检查，确保安全装置良好有效。要安排专人进行现场指挥和监护，对作业人员的违章行为要及时制止和督促整改，现场要设置安全警示标识，禁止非作业人员进入施工区域。要督促作业人员正确穿戴劳动防护用品，在高处作业时必须系好安全带。

3）进一步加强企业安全管理，强化建筑施工机械设备日常维护和保养管理。要落实企业安全生产主体责任，加强挂靠特种作业车辆和特种作业人员的管理，进一步建立健全安全责任制。要加强机械设备设施进场前的审核验收，现场使用的机械设备必须有安全警示标识和挂牌。机械使用必须按照“管用结合，人机固定”的原则，实行定人、定机、定岗位的责任制。要定期组织对机械设备进行检查、维修和保养，发现问题及时整改，建立相应的管理台账，及时反馈机械设备使用情况和性能状况，保证设备的使用安全。要严格按照厂家说明书规定的要求和操作规程进行作业，正确合理使用机械设备，坚决防范因操作不当引发的安全事故。

（5）相关知识与管理借鉴

这起事故，钢丝绳断裂和超载起吊相互联系，同时又与汽车吊臂尖滑轮破损、防脱槽装置失效有关。

事故发生之后，事故调查组对汽车吊断裂钢丝绳进行了现场取样，并委托湖北省冶金产品质量监督检验站对汽车吊钢丝绳断裂件进行分析检测。通过宏观观察、扫描电镜观察、金相组织分析及不同组织显微硬度分析，检测结果如下：钢丝绳在使用过程中局部产生了严重的挤压磨损，导致部分钢丝绳产生变形及加工硬化而变脆，甚至部分钢丝股在使用过程中因外力挤压出现断丝，钢丝绳的整体承重能力下降。即钢丝绳在起吊重物的过程中，受到拉应力，因一些钢丝股断裂，失去承载力，另一些钢丝因变形出现加工硬化变脆，不能和正常钢丝一起发生正常的弹性变形，导致局部承载过大发生断裂。

钢丝绳在使用过程中需要承受交变载荷的作用，其使用性能主要由钢丝力学性能、钢丝表面状态和钢丝绳结构决定。需要注意的是，钢丝绳在使用过程中会出现变化，例如，当出现绳端或其附近断丝、断丝紧靠一起形成局部聚集、整根绳股断裂等情况时，就要引起注意，因为这种情况很可能使钢丝绳断裂，应该报废就果断报废，不要带着安全隐患进行起重作业。

##  7. 汽车起重机违章起吊作业造成失稳倾覆伤害事故

2014 年 4 月 10 日 12 时 50 分，南通某建设集团有限公司（以下简称南通建设公司）在江苏南通某公司技术研发中心（以下简称研发中心）工程施工过程中发生一起汽车起重机倾覆事故，造成 2 人死亡。

（1）项目基本情况

研发中心工程位于港闸区大生路 1 号，工程建筑面积约 3 600 平方米，轻钢结构，单层，局部二层。该工程具体由江苏某集团有限公司三期工程项目办负责实施建设。

（2）事故经过和救援情况

2014 年 4 月 10 日 6 时 45 分许，南通建设公司租赁汽车起重机由沈某鑫一人驾驶到研发中心工程工地。沈某鑫驾驶车辆进入工地后，将车辆停靠在工地的东北侧，车头朝西北侧，车尾朝东南侧。沈某鑫将起重机的 4 个支腿撑开，垫上了枕木，并调整汽车起重机处于稳定状态，配合工地施工人员进行砖块、混凝土等建筑材料的起吊作业。

12 时 45 分左右，由个体运输户张某军驾驶的一辆运送砖块的解放 151 货车（载质量 15 吨）准备进入工地，因沈某鑫的汽车起重机左侧的支腿挡住货车进出通道，货车驾驶员和工地上的一名工人让沈某鑫把汽车起重机左侧的支腿收起来，让货车通过一下。沈某鑫同意后，自己到起重机操作室把正在进行起重作业的吊臂调整到汽车车头的正位，然后到汽车起重机旁把左侧的支腿收回到平行于汽车轮胎位置，但这时的起重机吊臂（臂长 37～38 米）仍处于伸展状态。与此同时，有一名工人跑过来又对沈某鑫说再吊一篮混凝土物料后，就可以结束起吊作业了。沈某鑫听后，就进入吊机操作室，将吊篮放下给工人装混凝土，然后吊起约 1 吨的混凝土物料。当吊臂向左偏转约

45°时，吊车向左倾覆，吊臂将正在作业的2名瓦工压在下面。

事故发生后，现场人员立即拨打了“120”急救电话，同时，施工现场负责人立即联系汽车起重机出租公司调来另一辆汽车起重机进行应急起吊施救。经过紧急施救，一人当场死亡，另一人救出后被送往医院，经抢救无效死亡。事故共造成2人死亡，直接经济损失约260万元。

（3）事故原因分析

1）直接原因。驾驶员安全意识淡薄，在汽车起重机的左水平支腿未全伸，且垂直支腿未支撑在坚实地面的情况下，违章起吊作业，造成起重机失稳倾覆。

2）间接原因如下：

①起重机出租单位未制定安全管理规章制度和操作规程，未对特种设备作业人员进行单位内部的安全教育和培训。

②施工单位的安全生产责任制不落实，对施工现场管理不严，未派驻项目经理到岗履职，施工现场组织机构不健全，起重作业时未进行安全技术交底，安全检查和隐患排查不到位。

③建设单位未及时办理基本建设手续，未依法与监理单位签订监理合同，安全监管不严，对施工单位项目经理到岗到位情况监督不力。

④职能部门和单位对辖区违法建设监管不到位，未能认真履行相应职责，没有及时发现和查处事故工程违法建设行为。

（4）事故教训和整改措施

1）汽车起重机所属单位要全面落实好企业安全生产主体责任，制定安全生产规章制度和安全操作规程，对特种设备作业人员进行特种设备安全教育和培训，保证特种作业人员具备必要的特种设备安全作业知识。特种设备作业人员在作业中应当严格执行特种设备的操作规程和有关的安全规章制度。

2）南通建设公司要全面落实好企业安全生产主体责任，把安全生产作为企业发展的一项重要工作来抓，认真吸取事故教训，举一反三，全面排查安全生产事故隐患，确保项目经理到岗履职。南通建设公司要严格施工现场安全管理，严禁转包工程和出借施工资质，同时，制订详细的吊装作业计划，安排专职人员现场指挥汽车吊，在吊车作业前，必须要对吊车司机、信号工、司索及相关人员进行不同内容的安全技术交底，防止类似事故再次发生。

3）研发中心要加强外包施工单位安全生产管理，落实好企业安全生产的主体责任，全面加强企业内部的安全管理。研发中心要建立健全并严格落实以法定代表人负责制为核心的各级安全生产责任制，直至延伸到现场，全面排查生产安全事故隐患，强化公司内部员工安全生产管理中的责任意识，堵塞外包施工环节的安全监管漏洞。同时，督促施工单位加强施工人员岗前安全培训教育，切实提高员工安全意识和操作技能，加强现场安全监管，防止类似安全生产事故的发生。

4）监理单位要对安全施工承担监理责任，要强化责任意识，严格审查安全技术措施，对存在重大隐患的，要立即督促进行整改；要加强对施工现场的管理，及时发现和消除施工现场存在的安全隐患，确保施工工程的质量和安全。

（5）相关知识与管理借鉴

在这起事故中，驾驶员在汽车起重机的左水平支腿未全伸，且垂直支腿未支撑在坚实地面的情况下，违章起吊作业，造成起重机失稳倾覆。这起事故与其说是忙中出错，不如说是驾驶员安全意识淡薄。驾驶员只记得要赶快给货车让路，结果就忽略了汽车起重机左侧的支腿已被收起来，这时再次进行起吊作业，发生事故就成为必然。

汽车式、轮胎式起重机安全操作事项与要求主要有以下几点：

1）机械停放的地面应平整坚实，应按安全技术措施交底的要求与沟渠、基坑保持安全距离。

2）作业前应伸出全部支腿，撑脚下必须垫方木。调整机体水平度，无荷载时水准泡居中。支腿的定位销必须插上。底盘为弹性悬挂结构的起重机，放支腿前应先收紧稳定器。

3）调整支腿作业必须在无载荷时进行，将已伸出的臂杆缩回并转至正前方或正后方，作业中严禁扳动支腿操纵阀。

4）作业中变幅应平稳，严禁猛起猛落臂杆。在高压线下垂直或水平作业时，必须遵守相关规定的要求。

5）伸缩臂式起重机在伸缩臂杆时，应按规定顺序进行。在伸臂的同时，应相应下放吊钩。当限位器发出警报时应立即停止伸臂。臂杆缩回时，仰角不宜过小。

6）作业时，臂杆仰角必须符合说明书的规定。伸缩式臂杆伸出后，出现前节臂杆的长度大于后节伸出长度时，必须经过调整，消除不正常情况后方可作业。

7）作业中出现支腿沉陷、起重机倾斜等情况时，必须立即放下吊物，经调整、消除不安全因素后方可继续作业。

8）在进行装卸作业时，运输车驾驶室内不得有人，吊物不得从运输车驾驶室上方通过。

9）2 台起重机抬吊作业时，2 台起重机性能应相近，单机载荷不得大于额定起重量的 80%。

10）轮胎式起重机需短距离带载行走时，途经的道路必须平坦坚实，载荷必须符合使用说明书的规定，吊物离地高度不得超过 50 厘米，并必须缓慢行驶。严禁带载长距离行驶。

11）行驶前，必须收回臂杆、吊钩及支腿。行驶时保持中速，避免紧急制动。通过铁路道口或不平道路时，必须减速慢行。下坡时严禁空挡滑行，倒车时必须有人监护。

12）行驶时，在底盘走台上严禁有人或堆放物件。

13）起重机通过临时性桥梁（管沟）等构筑物前，必须遵守安全技术措施交底，确认安全后方可通过。起重机通过地面电缆时应铺设木板保护，不得在上面转弯。

14）作业后，伸缩臂式起重机的臂杆应全部缩回、放妥，并挂好吊钩。桁架式臂杆起重机应将臂杆转至起重机的前方，并降至40°~60°。各机构的制动器必须制动牢固，操作室和机棚应关门上锁。

## 8. 汽车吊车司机傍晚作业操作碰撞货车伤害事故

2017年3月24日18时40分左右，位于江苏省常州市钟楼区城市印象花园3期18号楼建设工地，常州某建筑基础工程有限公司（以下简称常州建筑公司）雇用的汽车吊司机在吊装引孔机作业过程中，因操作不慎，引发一起起重伤害事故，导致1人死亡、1人受伤。

(1) 项目基本情况

城市印象花园3期位于常州市钟楼区龙江路东侧、紫荆西路北侧，由18号至20号、22号住宅及S—6号商业及3期地下车库组成，工程发包人为常州某房地产开发有限公司，承包人为江苏某建设工程有限公司（以下简称江苏建设工程），承包人工程项目部经理为夏某林。江苏建设公司与常州建筑公司签订了建设工程施工专业分包合同，分包城市印象花园18号至20号、22号住宅及3期地下车库桩基工程，分包工程项目部经理为朱某峰，安全员为戴某成。江苏建设公司与常州建筑公司签订了总分包安全管理协议书，明确相关安全生产事项。

（2）事故经过和救援情况

2017 年 3 月 23 日，城市印象花园 3 期 18 号楼建设工地，常州建筑公司邹某平施工队将已完成引孔作业的引孔机等设备拆卸完后，便电话联系曾合作吊装过的刘师傅，请他帮忙吊装引孔机等设备。刘师傅没空，便介绍邹某平与有吊车的胥某波联系。14 时 30 分左右，胥某波与儿子胥某翔等人勘察现场，认为可以吊装作业。同时，邹某平雇用经常合作的周某根、孙某传驾驶 2 辆货车装运引孔机、集装箱工作房等。

3 月 24 日 12 时左右，吊车、2 辆货车按邹某平的要求到达现场。邹某平组织胥某翔、周某根、孙某传和邵某遥等人对引孔机进行撤场吊装作业。17 时 30 分左右，吊车司机胥某翔在起吊引孔机走管时，因钢丝绳一端挂钩滑落，钢丝绳打到在一旁作业的邵某遥手臂及脸部。邹某平立即拨打“120”急救电话，并随同救护车将邵某遥送至医院进行救治。

18 时左右，邹某平打电话给胥某波，要求他将余下的 2 根走管吊装完退场，胥某波答应后就安排儿子胥某翔继续吊装作业。18 时 40 分左右，胥某翔在吊装引孔机走管过程中，因操作不慎，悬吊在空中的走管从货车的东侧撞击到已装在货车上的引孔机底座，使站在引孔机底座两端接扶走管的司机周某根、孙某传与底座一并从货车上滑落，孙某传后脑部位被滑落的引孔机底座划伤，周某根躲避不及被底座压在下面。现场人员立即施救并报警，孙某传、周某根经“120”救护车急送至医院救治，孙某传经医护人员治疗、住院观察于第二天上午出院，周某根经抢救无效死亡。

（3）事故原因分析

1）直接原因。汽车吊车司机吊装作业时违章作业，是造成这起事故的直接原因。

吊车司机胥某翔违反《起重吊装作业安全操作规程》的有关规定，且对晚间作业现场危险因素辨识不足，第一次发生事故后，未停止作业、查找事故原因、吸取事故教训；第二次吊装作业时因灯光照明不足，操作不慎，导致走管撞到已装在货车上的引孔机底座，使站在底座上接扶走管的周某根、孙某传与底座一并从货车上滑落至地面而引发事故。

2）间接原因。吊装作业现场管理不到位，是造成这起事故的管理原因。

①常州建筑公司施工队队长邹某平现场管理缺失。在第一次发生事故后，邹某平未认真吸取事故教训、分析事故原因，也未及时排查施工现场安全隐患，在送伤者去医院后用电话指挥胥某波继续吊装作业，是导致事故发生的重要原因。

②常州建筑公司安全管理不力。在第一次发生事故后，常州建筑公司未停工排查施工现场安全隐患，且在吊装作业现场既未安排专门人员进行现场安全管理，也未进行安全交底，是导致事故发生的管理原因。

③经调查，事故发生时，空中下有小雨，周边灯光较暗，仅有吊车的车灯和周边一个桩机的灯，也是导致事故发生的原因之一。

（4）事故教训和整改措施

这起起重伤害事故教训深刻，相关单位必须高度重视，采取措施，认真整改，举一反三，防止类似事故的发生。

1）建设、施工、监理等相关单位要认真执行国家安全生产有关法律法规的规定，认真履行安全生产工作职责，进一步落实各级安全生产责任制，建立健全安全生产管理制度和安全操作规程，并督促施工人员严格执行。

2）常州建筑公司要牢固树立企业安全生产主体责任意识，进一步建立健全安全生产保障体系，严格遵守建筑施工有关规定，加大施工现场安全检查力度，及时排查和消除事故隐患，确保安全生产。

（5）相关知识与管理借鉴

在汽车吊车司机吊装作业中，因现场灯光照明不足，操作不慎，结果连续发生 2 起事故。第一起事故造成一名作业人员的手臂及脸部受伤，第二次事故导致走管撞到已装在货车上的引孔机底座，使站在底座上接扶走管的周某根、孙某传与底座一并从货车上滑落至地面而引发伤亡事故。

在汽车起重机作业中，比较常见的挤压碰撞人事故有以下 4 种情况：

1）吊物（具）在起重机械运行过程中挤压碰撞人。发生此种情况的原因：一是由于司机操作不当，运行中机构速度变化过快，使吊物（具）产生较大惯性；二是由于指挥有误，吊运路线不合理，致使吊物（具）在剧烈摆动中挤压碰撞人。

2）吊物（具）摆放不稳发生倾倒碰砸人。发生此种情况的原因：一是由于吊物（具）放置方式不当，对重大吊物（具）放置不稳没有采取必要的安全防护措施；二是由于吊运作业现场管理不善，致使吊物（具）突然倾倒碰砸人。

3）在指挥或检修汽车式起重机作业中被挤压碰撞，即作为人员在起重机械运行机构与回转机构之间，受到运行（回转）中的起重机械的挤压碰撞。发生此种情况的原因：一是由于指挥作业人员站位不当（如站在回转臂架与机体之间）；二是由于检修作业中没有采取必要的安全防护措施，致使司机在贸然操作起重机械（回转）时挤压碰撞人。

4）在巡检或维修汽车起重机作业中被挤压碰撞，即作业人员在起重机械与建（构）筑物之间，受到运行中的起重机械的挤压碰撞。发生此种情况的原因：在汽车起重机检修作业中，巡检人员或维修作业人员与司机缺乏相互联系，或者检修作业中没有采取必要的安全防护措施，致使在司机贸然操作起重机时挤压碰撞人。

近年来，随着我国基础设施建设和房地产开发的迅速发展，在建筑施工中已离不开各种建筑施工机械的使用。各种建筑施工机械的大量使用，为减轻施工人员劳动强度、缩短工期、降低施工成本做出了贡献，但是同时，也导致了各种机械伤害事故的发生。对此，建筑施工企业管理人员应加强对作业人员的安全管理，使作业人员能够熟练掌握起重机械安全操作规程，并且认真操作，避免意外事故的发生。

## 六、触电伤害事故

在现在的建筑施工中，时时处处离不开电。大型起重设备的驱动需要电，中小型设备的驱动需要电，建筑工地的夜间照明也需要电。可以这样讲，如果没有电，建筑施工就会陷入停顿。

电力的使用为建筑施工带来便利，提高了工作效率，减轻了劳动强度，但同时也使人员触电的危险性增加。有人做过统计，在建筑施工中发生的触电伤害事故约占事故总量的13.45%。虽然大多数触电事故只是对一个人的伤害，但是曾经也发生过11人触电伤亡（死亡6人、受伤5人）的情况，因此，必须加强对人员触电事故的预防。此外，施工现场的供用电设施一般比较简陋，使用期限短，而且随着施工的进展，供用电设施和用电负荷也在不断变动。有时因工程需要而经常搬迁，改变原有的接线和供电方式，降低了安全用电的可靠性。故此，施工企业以及工程项目部必须加强供用电的安全管理。

建筑施工的触电事故主要有3类：一是施工人员触碰电线或电缆线；二是建筑机械设备漏电；三是高压防护不当而造成触电。从大量的事故案例来看，造成触电伤害事故的原因，主要有这样几种情况：一是违反操作规程，带电作业导致触电事故的发生；二是机械设备和电动设施维修保养不善，安全管理检查措施不力，造成漏电，导致触电事故，这也包括电线、电缆由于破口、断头或者绝缘不好，造成漏电触电事故；三是建筑施工中由于计划措施不周密，安全管理不到位，造成意外触电伤害事故；四是由于自然因素导致电线断裂以及雷击触电等。

在触电伤害事故中，许多事故都是由于施工现场“临时用电”引起的，这是应该引起注意的问题。

建筑施工用电的临时性是不可避免的。施工用电的临时性和施工现场复杂多变的环境相结合，促使电气设备的工作条件变坏，从而容易发生电气事故，特别是因漏电引起的人身触电事故增多。为了有效地防止各种意外的触电伤害事故，保障施工人员的安全，应注意施工现场临时用电要求。它的主要特点：一是在施工现场实行 TN—S 系统，即增加了保护零线，做到重复接地，把施工现场原来使用的三相四线变成了五线；二是实行两级保护，即在电气设备的首末端分别安装漏电保护器。这些措施将加强临时用电的安全性。

施工用电的临时性，要求施工单位在用电上必须加强安全管理，施工前临时用电必须编制施工组织设计方案；施工现场与周围环境，需要规定电气设备的安全距离；注意接地与防止雷电损坏；对配电线路要规定架空线路、电缆线路、室内配线的规则；施工过程中，需要对施工人员加强安全用电教育；对电动建筑机械及手持电动工具，要规定使用要求及漏电保护器的使用方法；还需要规定各种场所照明的使用原则等。

### 1. 未关闭电源下水检查潜水泵因漏电导致触电事故

2015 年 8 月 8 日 16 时 20 分左右，位于湖南省长沙市高新区麓谷街道的湖南某制药有限责任公司（以下简称制药公司）污水处理改造工程施工工地发生一起触电事故，造成1人死亡，直接经济损失73.7万元。

（1）项目基本情况

制药公司于2009年整体搬迁到高新技术产业开发区。搬迁后该公司建有一座日处理污水120吨的污水处理站，污水排放标准为三级。近几年来，随着公司生产能力的扩大，污水排放量也有所增加。为了满足公司生产的需要，公司决定对污水处理站进行改造，将日处理污水120吨增加到150吨，同时将污水排放标准由三级提高到一级。公司于2015年5月20日发出招标邀请书，于6月12日开标，中标单位为某环保实业公司（以下简称环保公司）。双方签订了总承包合同书，承包方式为包设计、包施工、包验收合格、包工包料、保工期、保质量、保现场安全文明施工的工程总承包方式。

总承包合同签订后，环保公司将其中的土建施工分包给邹某良。双方没有签订承包合同，但是签订了安全协议。土建部分建筑面积约125平方米，主体结构为全地埋式结构，主要分为隔油池、调节池、污泥池和厌氧池等功能池，每个功能池深5.5米。土建部分于2015年7月23日正式开工，至事故发生时已经完成土方挖掘，正在进行混凝土墙体浇筑。

（2）事故经过和救援情况

事故发生在8月8日16时20分左右，当时施工队正在进行混凝土浇筑，参与施工作业的包括现场负责人邹某良在内共有19人。其中，木工赵某太等8人负责制模、装模，泥工王某先等4人负责砌墙、混凝土浇筑，杂工刘某平等6人负责扎架、搬运。

作业期间，杂工唐某伟发现2台潜水泵都未正常抽水，怀疑是潜水泵滤网被泥沙堵塞导致潜水泵不能正常工作，于是在未关闭电源的情况下，下到基坑底部积水处处理潜水泵故障。唐某伟先将 1.1 千瓦潜水泵进水口滤网上的泥沙抖落，使该潜水泵恢复了正常运转。他继续前行几步，当他弯腰双手伸入水中接触到 0.75 千瓦潜水泵时发生了触电。触电后的唐某伟迅速呼叫其他作业人员切断电源，负责人邹某良立即跑到配电房关闭了电源总开关。随后，邹某良和其他作业人员下到基坑底部，只见唐某伟手捂胸口，身体斜靠在墙边。

作业人员迅速将唐某伟抬至工地旁一块木模板上，采取扩胸、人工呼吸等急救措施，同时拨打“120”急救电话（电话占线）。由于“120”急救电话未接通，邹某良安排车辆将伤员送往航天医院进行抢救，在抢救 40 分钟后，医生宣布抢救无效死亡。

（3）事故原因分析

1）直接原因如下：

①引发事故的潜水泵主绕组绝缘损坏，线圈与外壳短接，导致潜水泵漏电。

②电源配电系统未按规定采用 TN—S 接零保护，总配电箱漏电断路器不起作用，开关箱未按照要求安装漏电保护装置。当用电设备发生漏电时，系统没有自动保护功能。

③作业人员唐某伟违反相关规定，在未采取安全防护措施和没有断开电源的情况下接触带电设施引发事故。

2）间接原因如下：

①环保公司违反《建筑法》第二十八条、第二十九条规定，违法将主体结构工程分包给不具备施工资质的个人。

②环保公司安全生产主体责任不落实，未向项目派出安全生产管理人员，未组织施工人员进行安全生产教育培训，未制定施工组织设计方案和施工临时用电方案，未对特种作业人员持证情况进行审核把关。至事故发生当日，公司领导和公司工程部工作人员均未对项目的

安全管理情况进行过督促检查。

③邹某良雇请未取得特种作业操作资格证的人员从事电工作业，该作业人员不熟悉相关的专业知识，未按照相关的规范安装临时用电线路；安全管理不到位，未及时发现和制止作业人员带电维护用电设施的不安全行为。

（4）事故教训和整改措施

1）环保公司要严格按照有关法律、法规规定的程序和标准组织项目施工，严禁将主体结构肢解分包，严禁将分包项目承包给无施工资质的单位和个人；要进一步增强安全生产主体责任意识，加大对施工项目的组织领导、力量投入和监控检查的力度，及时发现和消除事故隐患；严格履行安全生产管理职责，加大安全生产教育培训力度，全面提高作业人员安全生产意识，督促作业人员遵守作业规定和技术措施，杜绝违章作业行为。

2）制药公司要严格依法依规组织公司的工程建设，要加强对安全生产工作的组织领导，进一步落实安全生产责任制，进一步完善各项管理制度，形成一级抓一级，层层抓落实的良好工作局面；要加强对在建工程的监督检查，督促施工单位严格遵守国家基本建设相关法律法规，严格落实安全和质量责任；加大隐患排查和整改力度，确保安全生产。

（5）相关知识与管理借鉴

事故发生后，经检查，事故潜水泵电机主绕组绝缘电阻为 0，副绕组绝缘电阻为 0.1 兆欧，未达到标准电动机的定子绕组电阻冷态下不低于 50 兆欧的要求。测试数据表明，该潜水泵电机主绕组绝缘损坏，线圈与外壳短接，导致潜水泵漏电。

在旧污水池施工中，旧污水池进水管溢流，造成污水大量流入新建水池施工场地，为便于施工，邹某良施工队伍启用 2 台潜水泵进行抽水。潜水泵供电线路是由邹某良雇请的 1 名工人安装的（该工人未取得特种作业操作资格证）。线路采用三级配电，分为总配电箱、分配电箱、开关箱。电源由一台箱式变压器经制药公司水泵房隔离开关出线，通过电缆连接至配电房总配电箱漏电断路器。再由此漏电断路器负荷侧经电缆接至分配电箱三相小型空气断路器，经负荷侧由 3×4 平方毫米橡塑电缆另加一根 16 平方毫米塑包单芯铝线接至潜水泵开关箱 2P 小型空气断路器，由负荷侧经 2×2.5 平方毫米护套线接至接线板，两台潜水泵用两线插头分别插入接线板工作。

经查，当用电设备发生漏电时，系统没有自动保护功能，这也是导致人员触电事故的重要原因。

## 2. 施工人员在配电室违规施放动力电缆触电事故

2018 年 3 月 27 日 12 时 50 分左右，江苏某消防工程技术有限公司（以下简称消防公司）滁州琅琊分公司的 3 名消防工程施工人员在苏滁现代产业园三期标准化厂房 15 号综合楼配电室内施放备用的消防风机动力电缆时，发生一起触电事故，造成 1 名工人死亡。

（1）项目基本情况

苏滁现代产业园三期标准化厂房建设工程占地面积约 13.6 万平方米，建筑面积约 91 850 平方米。其中，1 号至 14 号楼为厂房，15 号楼为综合楼，加上室外道路、排水、门卫、配电房等附属工程，总投资 1 亿元。工程由滁州市苏滁某建设发展有限公司（以下简称苏滁公司）作为业主单位负责实施，工程施工由某建设集团有限公司（以下简称建设公司）承担。该公司将三期标准化厂房消防工程施工分包给消防公司滁州琅琊分公司（以下简称滁州分公司），并与之签订了消防工程施工专业分包合同，项目负责人为范某。

苏滁公司将苏滁现代产业园三期标准化厂房厂区配电项目作为独立工程项目，通过招投标形式，发包给某电力建设股份有限公司(以下简称电力公司)，并于2017年11月12日与电力公司签订了电力建设工程施工合同，施工现场负责人为高某。

1号至15号楼建成后，苏滁公司考虑到周边厂房及公用设施用电需要，将原来设计在15号楼室外南边厂区道路对面的配电房改为开闭所，配电房移到15号楼室内新建。2017年11月，苏滁公司委托滁州市某工程咨询有限公司对15号楼室内新建的配电房进行设计。该新建配电房的土建工程仍由建设公司施工，电气设备采购与安装由电力公司负责，消防工程由滁州分公司承接施工。

（2）事故经过和救援情况

2018年3月27日7时30分左右，按照滁州分公司项目经理范某的安排，水电班组长曹某带领3名临时工窦某、黄某、曹某某来到15号综合楼配电房内（当时配电室门没有上锁，配电柜、变压器没有断电，没有悬挂安全警示标识，没有佩戴必要的绝缘防护用品)，开始施放电缆。

午餐后，曹某自己回家拿工具和材料，窦某、黄某、曹某某又回到15号综合楼配电房内继续施放电缆，黄某、曹某某站在配电房西侧低压配电柜西侧拉电缆，窦某站在东侧高压柜旁800千伏安变压器顶部电缆桥架上放电缆（东、西两边工人互相看不见)。

12时50分左右，黄某、曹某某听到打雷一样一声炸响，瞬间又是一声炸响，配电房里顿时充满烟气，熏得人眼无法睁开，黄某、曹某某赶紧往门外跑，紧接着就听到配电房内像放鞭炮一样“噼噼啪啪”炸响，响了有几分钟时间。曹某某就在配电室门外喊窦某的名字，但无人应答。他俩意识到出事了，于是黄某立即拨打“120”急救电话，不久救护车到达现场。救护人员进入配电房找人，发现窦某躺在800千伏安变压器顶部已被电击伤，右脚鞋子已烧脱离。

13时21分，电力公司职工到达现场，将3号环网间玻璃破碎后，立即对高压电源进行断电。随后，消防大队协助急救中心将窦某用担架抬出配电房，经检查窦某已无生命体征。

这起事故共造成1人死亡，直接经济损失约140万元。

(3) 事故原因分析

1) 直接原因。消防工程施工人员窦某违规带电作业，踩踏正在运行的变压器顶部桥架，致使桥架遭到破坏后短路触电。

2) 间接原因如下：

①电气施工单位未按设计进行施工，存在重大安全隐患。配电房在验收合格投运后未及时移交，处于失控状态。

②建设单位未严格履行安全管理职责，配电房验收未严格把关，验收后管理缺失（配电房门长期敞开，无人管理)。

③消防工程单位施工现场安全管理缺失，无人监护，无法对事故进行应急处置；职工安全意识淡薄；未按标准规范要求配备必要的劳动防护用品。

(4) 事故教训和整改措施

经调查认定，这是一起因企业职工安全意识淡薄，违规作业，相关方现场管理缺失而导致的生产安全责任事故。为有效预防和遏制事故的再次发生，建议采取以下防范和整改措施：

1) 事故相关责任单位要认真吸取事故教训，切实履行安全生产主体责任，建立健全安全生产责任制，严格落实规章制度和安全操作规程，构建风险查找和隐患排查治理常态化工作机制；要加大作业现场安全管理力度，强化风险防控和隐患排查治理工作，及时发现并消除各类安全隐患。

2) 事故相关责任单位要进一步强化职工安全生产教育培训工

作，使职工熟悉有关的安全管理制度与操作规程，掌握本岗位的安全操作技能；要通过事故案例教育，增强职工安全意识和自我防范能力，杜绝“三违”行为。

3）苏滁现代产业园管委会要认真吸取事故教训，举一反三，通过集中开展警示教育、约谈等形式，加强对园区内生产经营单位及在建工程的安全监管，督促各生产经营单位和建设、施工、监理等单位认真履行安全生产主体责任，对存在重大安全隐患、达不到安全生产条件的生产经营单位和建设项目，要依法责令其停止生产经营或建设并予以严厉处罚。

（5）相关知识与管理借鉴

这起事故发生后，相关责任人员受到了处罚。滁州分公司水电班组长曹某，未认真履行安全生产职责，不分析、查找、整改配电房存在的安全隐患，在不断电、不为作业人员配备必要的劳动防护用品的情况下，带领工人冒险作业；班组安全教育培训不落实，对事故发生负有直接管理责任，被处以 2 000 元罚款。

电力公司电气工程项目经理高某，未认真履行法定安全生产职责，未按设计进行施工，留下重大安全隐患；对未移交的配电房管理缺失，对事故发生负有重要的管理责任，被处以 4 000 元罚款。

消防工程项目经理范某，未认真履行法定安全生产职责，对配电房内存在的安全隐患未及时组织排查整改，安全技术交底不充分；作业现场缺少安全管理人员；职工安全教育培训不落实、“三违”现象突出，对事故发生负有直接领导责任，被处以 5 000 元罚款。

在这起事故中，电力公司被处以 10 万元罚款，主要是由于该公司未按设计施工（设计电缆桥架高度为 2. 6 米，实际为 2. 2 米，并且桥架走向不符合设计要求），导致存在重大安全隐患；在配电房投运后未移交的情况下，安全管理缺失，配电室门未上锁，配电柜、变压器没有悬挂安全警示标识。

在这起事故发生前，作为班组长的曹某，如果能够谨慎一点，在施放电缆作业时，检查配电室的情况，要求断电后作业，那么窦某可能就不会触电伤亡。电力公司电气工程项目经理高某，如果对安全管理工作认真一点，将配电室的门上锁，悬挂安全警示标识，这都是分内之事、应做之事，那么这起事故就有可能避免。

## 3. 作业人员使用电焊机连接电源时不慎触电事故

2016 年 8 月 20 日 8 时许，在由苏州市某工程有限公司（以下简称苏州公司）承建的新沟河延伸拓浚工程无锡市桥梁施工二标友谊桥工地，发生一起触电事故，致 1 名施工作业人员死亡。

（1）项目基本情况

新沟河延伸拓浚工程于 2015 年 5 月 31 日经公开招投标，苏州公司中标，合同承包范围为五牧村桥、志公桥、直湖港桥、友谊桥和胜利桥及接线工程的施工。其中，友谊桥项目在洛社镇杨市镇北村友谊桥西侧，位于西直湖港，工程项目主要是向西接长改造桥梁，桥宽 6.0 米，桥梁全长 126 米，上部结构采用先张法预应力空心板，下部结构采用桩柱式墩台，钻孔灌注桩基础。

苏州公司承接工程后，组建桥梁施工项目部进场施工，施工队队长王某春，质检员朱某林，下设木工、钢筋工、混凝土班组，项目部配有 2 名电工、2 名电焊工。事故发生前，项目部经理被派至其他项目，但新任项目部经理一直未到任。至事故发生时，友谊桥正在实施桥梁下部 3 号、4 号墩台灌注桩施工阶段。

（2）事故经过和救援情况

2016 年 8 月 20 日 8 时许，友谊桥工地钢筋工班组小组组长吴某，携带电焊机至友谊桥3号、4号桥墩之间的三级配电箱处，在使用电焊机连接电源时不慎触电。

事故发生时，钢筋工倪某庆在工棚外听见响声，他循声至事发现场，发现吴某已触电倒地。倪某庆与闻声赶来的项目部其他人员拨打“120”急救电话，并随急救车将吴某送医院进行救治，吴某经抢救无效于当日死亡。

（3）事故原因分析

1）直接原因。钢筋工吴某安全意识淡薄，在未经专门的安全技术培训并考核合格，且未经派工的情况下，擅自使用电焊机连接施工场所的电源，操作不当，导致触电事故。

2）间接原因如下：

①该项目部对施工作业人员临时用电安全教育培训不到位，尤其对“未经专门的安全技术培训并考核合格”的规定教育不到位，造成吴某安全意识淡薄。

②项目部安全管理不严，未严格督促检查项目部的安全生产工作，尤其在变更项目经理过程中，既没及时派出新任项目经理，也未指定该项目部临时负责人，导致项目部在8月19日至24日无主要负责人实施管理工作，同时未能及时发现和纠正吴某未经专门的安全技术培训并考核合格而上岗作业和安全教育培训不到位的问题。

（4）事故教训和整改措施

1）桥梁施工项目部应深刻吸取事故教训，全面落实安全生产责任制度，确保各级各类人员充分履行安全岗位职责；要加强施工技术管理，针对工程实际和施工特点，完善施工组织设计和安全专项方案，并严格落实安全技术交底制度，向施工作业人员详细说明施工安全的要求；要严格落实公司安全生产教育培训等安全生产规章制度，强化对施工现场的安全管理，确保安全生产。

2）苏州公司应深刻吸取事故教训，进一步健全安全生产责任制，加强企业内部安全生产考核，增强各级各类人员履责意识；要严格专项施工方案编制、审批制度，根据工程实际和施工特点，及时调整和完善施工安全技术措施；要加强对承建工程的安全检查，督促项目部及时消除存在的事故隐患；要督促各工程项目部严格执行生产安全事故报告制度，按照规定及时上报发生的生产安全事故，杜绝事故迟报行为的再次发生。

3）建设单位应认真吸取事故教训，切实加强对施工单位的管理，督促施工单位严格落实安全生产主体责任，认真开展事故隐患排查治理工作，及时帮助指导施工单位整改存在的事故隐患，确保安全生产。

（5）相关知识与管理借鉴

在这起事故中，作业人员擅自使用电焊机连接施工场所的电源，操作不当，导致触电。由于缺乏更多的细节，这位作业人员采取什么方式连接电源不得而知，有可能是采取插头插座连接方式，也可能是采取电源线连接方式。如果是前者，危险性还小一点；如果是后者，那么危险性会很大。一些安全管理松懈的建筑施工企业对危险性很大的电源线连接方式听之任之，不加纠正，就难免会发生人员触电事故。所以，对这起触电事故最应该吸取的教训，就是要按照规范要求，改进供用电系统，并检查电焊机电源线的连接方式。

在这起事故中，作业人员擅自使用电焊机连接施工场所的电源，也是一种安全意识淡薄的表现。建筑施工中发生的很多触电事故，与管理上的安全用电意识差和安全用电知识不足有直接关系。因此，在施工人员中进行安全用电的科普教育，督促施工人员学习掌握安全用电基本知识，增强安全用电意识，对遏制触电事故发生十分重要。

人是导电体，当人体接触到具有不同电位的两点时，由于产生了电位差，在人体内会形成电流，电流通过人体就是触电。触电会给触电者带来不同程度的伤害，触电严重者能迅速死亡。为什么会造成如此严重的后果呢？这是因为电流能损害身体中最重要的大脑和心脏。当交流电的电量在0.1安培以上时，可通过脑干引起严重呼吸抑制；当电流通过心脏时，造成心室纤维颤动以致心脏停止跳动。呼吸和心跳是维持生命的最基本最重要的生理活动，当其功能受到破坏，势必会妨碍人正常地吸入氧气、排出废气，以及血液在周身通畅地流动。这将严重威胁触电者的生命，使其很快死亡。

在建筑施工中，很多作业流动量大、活动量大，作业中必须时刻注意周围环境情况，避开电气设施；遇有电的问题，非专业人员不可盲目乱动，必须找专业人员前来处理。操作电气设备的人员，作业前必须严格检查使用的电气设备、电动工具，查看电源线有无磨损、老化等漏电现象。对有隐患的电气设备、电动工具必须找专业人员处理合格才可使用，切忌凑合蛮干。电气作业人员要有安全用电的责任心，严格遵守安全规定。要认真执行有关“工作票”“操作票”“工作监护”等保证安全的技术措施和组织措施，必须确保工作质量符合安全标准，不给使用者留下后患。

### 4. 搬动脚手架没有避让高压电力线路遭电击事故

2014年6月18日9时30分许，陕西定边县砖井镇西关村移民搬迁点建筑工地发生一起电击死亡事故，造成3人死亡、1人受伤。

（1）项目基本情况

陕西定边县砖井镇西关村移民搬迁点工程位于砖井镇集镇，总建筑面积8 006.4平方米，两层砖混结构，由榆林市某建筑工程有限公司（以下简称榆林建筑公司）负责建设施工。项目于2013年8月开始施工，事故发生时主体工程已完工，正进行外墙粉刷、水暖等工程（水暖工程劳务分包给马某德负责）。该项目主体工程与10千伏砖井至彭滩129线路的距离符合相关规定的要求。

（2）事故经过和救援情况

2014年6月18日9时20分许，工人马某东、咸某虎、马某祥和马某清（2014年5月临时雇用入场作业）将脚手架从北楼往南楼搬动，穿过10千伏砖井至彭滩129线路电力线路下方时发生电击事故。随即，附近工人用PVC（聚氯乙烯）管和木棍将触电工人与脚手架分开，并送往医院抢救治疗，咸某虎、马某祥和马某清3人因抢救无效死亡，马某东重伤（特重度烧伤）住院治疗。

（3）事故原因分析

1）直接原因。事故发生点上方为10千伏电力线路，马某东、咸某虎、马某祥和马某清缺乏电力安全常识，未采取避让和防护措施直接搬动脚手架导致发生事故。

2）间接原因如下：

①榆林建筑公司安全管理制度不健全。该公司安全生产责任制和管理制度不健全，层层转包、以包代管，事故应急救援预案不完善、缺乏针对性。

②榆林建筑公司安全技术交底不规范。该公司对马某东等工人安全技术交底记录不规范，未按规定对现场危险有害因素进行风险辨识，并未告知施工现场安全避让及防范应急措施。

③榆林建筑公司安全教育培训不到位。该公司日常安全培训教育和考核不到位，安全教育记录不规范，未对新入场工人进行专门的安全培训，存在“未培训，就上岗”的严重问题。

④榆林建筑公司作业现场安全管理混乱。该公司施工现场安全管理松散，安全检查流于形式，安全管理人员配备不足，事故发生时无

现场安全管理人员，未设置安全避让警示标识和配备必要的防护用品。

(4) 事故教训和整改措施

1) 切实强化安全生产属地监管责任。要树立红线意识，警钟长鸣，健全属地监管责任体系，切实加强小城镇、新农村建设工程和村民自建住房安全监管。乡镇政府要督促业主严格履行基本建设程序，把好乡镇建设工程质量安全关。加大对安全生产宣传教育力度，不断增强安全生产保障能力，防止各类事故发生。

2) 夯实行业专业化监管责任。按照“管行业必须管安全、管业务必须管安全、管生产经营必须管安全”的要求，坚持“谁主管谁负责、谁审批谁负责、谁发证谁负责”的原则，不断夯实行业专业化监管责任。各行业主管部门要把安全生产工作与业务工作同部署、同检查、同落实、同考核，确保安全监管责任落到实处。继续深入开展安全生产大检查，对检查发现的问题和事故隐患实行“零容忍”。采取有力措施，规范小城镇、新农村建设工程安全监管，严厉打击非法违法转包分包行为。

3) 全面落实企业安全生产主体责任。生产经营单位要认真吸取此次事故教训，举一反三，切实履行企业安全生产主体责任。要组织制定、完善各类安全生产规章制度和操作规程并严格执行。要定期开展安全检查和事故隐患排查，完善相关安全警示标识，消除各类事故隐患。加强从业人员安全培训工作，严格执行“先培训，后上岗”的规定，不断提高从业人员安全意识和自防自救互救能力。

(5) 相关知识与管理借鉴

这起事故发生的地点为高压线路，事故的发生有 2 个方面的原因：一是作业人员缺乏电力安全常识，未采取避让和防护措施就直接搬动脚手架；二是对危险源辨识不足，安全检查不到位。

在施工地点，高压线路是一个危险源，预防此类触电事故，需要准确及时地对危险源进行识别和有效控制，这是一项重要的工作。危险源的确定一般考虑因素有：一是容易发生重大人身、设备、爆破、洪水、塌方、高边坡、滑坡危害等；二是作业环境不良，事故发生率高；三是具有一定的事故频率和严重度，作业密度高和潜在危险性大。施工企业最常见的危险源有：施工作业用电、民用爆破器材管理与使用、特种设备作业现场、地下涌水、有毒有害气体、高空作业、滑坡、塌方危险地质段、重点防火防盗区域等。

对危险源的识别和确定要准确，才能有效地制定针对危险所采取的相应技术措施和防护方法。危险源一经确定，就必须纳入控制管理范围，及时传达到施工作业区的每位施工人员，并设置危险源警示标识，任何单位和个人不得破坏危险源区域内的安全警示标识。现场指挥人员和施工人员要高度重视本区域安全动态，危险源若发生变化，应采取有效措施，必须在确定无安全隐患时才能施工，保证人身和机械设备的安全。

## 5. 作业人员使用外壳破损的手提电动钻触电事故

2012 年 7 月 3 日 10 时 55 分左右，江苏省泰州市海陵区朝辉锦苑施工工地在安装彩钢活动板房过程中发生一起触电事故，造成 1 人死亡，直接经济损失约 70 万元。

（1）项目基本情况

泰州市海陵区朝辉锦苑小区工程是泰州市海陵区政府安置房项目，共 30 幢框架结构楼房，建筑面积约 18 万平方米。建设方：某房地产开发有限公司；代建方：某置业公司（以下简称置业公司）；施工方：江苏某建设有限公司；监理方：江苏某工程项目管理有限公司。至事故发生时，该工程处于临时设施搭建阶段。

因工程施工需要，置业公司需安装 8 间两层彩钢活动板房及配电房彩钢屋面。2012 年 3 月 1 日，置业公司与某贸易公司（以下简称贸易公司）签订了彩钢活动板房等安装安全协议。2012 年 6 月 20 日，贸易公司与李某来签订了彩钢活动板房订货安装合同，李某来在合同上加盖了吴江市某钢架彩板有限公司的公章。经调查，合同中加盖的公章系李某来伪造。

（2）事故经过和救援情况

2012 年 6 月 25 日，李某来雇用了 8 名农民工开始安装彩钢活动板房。至 6 月 30 日，8 间彩钢活动板房已经安装完毕。

7 月 3 日 9 时，李某来请其亲戚伍某检一起安装配电房彩钢屋面。9 时 30 分左右，因下雨李某来和伍某检停止安装。李某来到项目部找置业公司现场负责人赵某平开具施工确认单，将手提电动钻和接线板电源线放置在屋檐下。

10 时 50 分左右，李某来和赵某平一起到施工现场查看安装情况。到达现场时，赵某平听到屋面有手提电动钻作业的声音，伍某检已在配电房屋面施工。10 时 55 分左右，李某来和赵某平听到配电房屋面传来一声惨叫，2 人看到伍某检头朝南趴在配电房屋面，并随着屋面的斜坡向下滑，口腔流血。李某来立即从配电房东侧的梯子爬上屋面，赵某平在下面接应，将伍某检从屋面救下。

事发后，现场人员立即拨打了“120”急救电话，将伍某检送至医院抢救。到达医院大约 20 分钟后，伍某检经抢救无效死亡。

（3）事故原因分析

1）直接原因。伍某检使用外壳多处破损的手提电动钻在雨后潮湿的环境下作业，所用接线板电源线保护套有一处破损，致使铜芯裸露，在作业过程中，手提电动钻、人体、彩钢板、电源线形成触电回路，导致触电事故发生。

2）间接原因如下：

①贸易公司未能认真审核彩钢活动板房订货安装合同的真实性，将彩钢活动板房安装工程发包给无相应安装资质的个人。

②李某来作为此次彩钢活动板房项目的实际承包人，对施工现场疏于管理；未及时制止安装工在潮湿的环境下带电施工；未对施工用工器具是否符合安全条件进行检查。

（4）事故教训和整改措施

1）贸易公司应从这起事故中吸取深刻的教训，要严格按照《建筑法》的要求，强化项目管理，完善工程发包手续，加强承包单位的资质审查，将建筑工程发包给具有相应资质等级的专业承包单位。应加大对施工现场安全隐患的排除力度，对施工现场的安全防护用具、机械设备、施工机具及配件必须指派专人管理，定期进行检查、维修和保养，建立相应的资料档案，并按照国家有关规定及时报废，彻底消除安全隐患，确保安全生产。

2）置业公司应以此事故为鉴，深刻反思，吸取教训，要严格执行《建筑法》，建设项目应及时向当地行政主管部门申请办理相关手续，对不具备相关手续的建设项目不得开工建设；应切实履行代建方的职责，加强施工现场监督和巡查，落实安全责任。

3）泰州市海陵区住建部门应从这起事故中认真吸取教训，切实履行行业监管职能，加强辖区内在建工程的监督管理，对未领取施工许可证的工程，应禁止工程施工；加大隐患排查治理力度，有效督促施工单位及时将隐患整改到位。

（5）相关知识与管理借鉴

这起作业人员因手提电动钻漏电发生的触电事故，属于比较典型的触电案例。事故的发生有两方面的原因：一是作业人员安全意识淡薄，缺乏用电知识，对自己所使用的外壳多处破损的手提电动钻没有任何警惕；二是项目的实际承包人对施工现场疏于管理，未及时制止安装工在雨后潮湿的环境下带电施工，未对施工用工器具进行安全检查。

建筑施工多是临时用电，临时用电更需要注意安全防护。临时用电在安全防护上应注意以下事项：

1）临时用电必须按有关规程、规范的要求做施工组织设计（方案），建立必要的作业档案资料。

2）临时用电必须建立对现场配电线路、设施的定期检查制度，并将检查检验记录存档备查。

3）临时配电线路必须按规范架设整齐，架空线必须采用绝缘导线，不得采用塑胶软线，不得成束架空敷设，也不得沿地面明敷设。

4）施工机具、车辆及人员，应与内、外电线路保持安全距离。达不到规范规定的最小距离时，必须采用可靠的防护措施。

5）配电系统必须实行分级配电。各类配电箱、开关箱的安装和内部设置必须符合有关规定。箱内电器必须可靠完好，其选型、定值要符合规定，开关电器应标明用途。

6）独立的配电系统必须按有关标准采用三相五线制的接零保护系统，非独立系统可根据现场实际情况采取相应的接零或接地保护方式。各种电气设备和电力施工机械的金属外壳、金属支架和底座必须按规定采取可靠的接零或接地保护。在采用接地和接零保护方式的同时，必须设两级漏电保护装置，实行分级保护，形成完整的保护系统。漏电保护装置的选择应符合规定，各种高大设施必须按规定装设避雷装置。

7）手持电动工具的使用，应符合国家标准的有关规定。工具的电源线、插头和插座应完好，电源线不得任意接长和调换，工具的外绝缘应完好无损，维修和保管应由专人负责。

8）凡在一般场所采用220伏电源照明的，必须按规定布线和装设灯具，并在电源一侧加装漏电保护器。特殊场所应按有关规定使用安全电压照明器。使用行灯照明，其电源电压应不得超过36伏，灯体与手柄应坚固绝缘良好，电源线须使用橡套电缆线，不得使用塑胶线。行灯变压器应有防潮防雨水设施。

9）电焊机应单独设开关。电焊机外壳应做接零或接地保护。一次线长度应小于5米，二次线长度应小于30米，两侧接线应压接牢固，并安装可靠防护罩。焊把线应双线到位，不得借用金属管道、金属脚手架、轨道及结构钢筋做回路地线。焊把线应无破损，绝缘良好。电焊机设置地点应防潮、防雨、防砸。

## 6. 电源线接头绝缘橡皮老化破损触碰钢管触电事故

2018年7月3日17时35分许，江苏省苏宿工业园区2018年零星工程第二标段降水工程作业现场，工人在降水作业过程中，发生一起触电事故。该事故致1人死亡，直接经济损失约120万元。

（1）项目基本情况

苏宿工业园区2018年零星工程第二标段（以下简称零星工程二标段），建设单位为某开发公司（以下简称开发公司），由某建设公司（以下简称建设公司）中标承建，双方于2018年2月6日签订施工合同和安全施工协议。建设公司成立了苏宿工业园区2018年零星工程第二标段项目部。

（2）事故经过和救援情况

2018年7月3日，建设公司在零星工程二标段某科技（宿迁）有限公司（以下简称科技公司）南门南侧进行降水施工，施工现场临时用电自科技公司南门传达室配电箱接出，电缆沿地面铺设连接至降水工地内的一台开关箱，现场 2 台水泵的电源线连接在该开关箱上，2 台水泵和配电箱位于施工现场东侧围栏外侧，其中位于南侧的水泵电源线（连接水泵电机和开关箱之间的线路）在距离水泵电动机约 1.8 米处有一处接头，接头处绝缘层老化有裂纹。

根据科技公司南门外视频监控显示，7 月 3 日下午，翟某杰（此次事故死者，男，56 岁）独自一人在降水工地干活，17 时 35 分许，翟某杰在工地围栏内由西向东走动，直至走出视频监控范围，未再回到视频监控范围内。

17 时 43 分许，开发公司工作人员张某、王某威在巡检至科技公司南门降水工程工地时，发现翟某杰头朝北仰面躺在工地围栏内（靠近东侧围栏），左手与一根约 6 米长的钢管接触，当时水泵还在运转。

王某威立即电话联系工地现场负责人，并把开关箱内水泵开关关掉。现场人员将翟某杰抬上面包车送至医院救治，医生对翟某杰进行了心肺复苏和心电图检查后，宣告翟某杰已死亡。

（3）事故原因分析

1）直接原因如下：

①经现场勘察，位于南侧的水泵电源线接头处绝缘橡皮老化开裂破损，金属线芯外露。施工现场钢管接触电源线接头处，翟某杰触碰到钢管时发生触电事故。

②开关箱内安装的漏电断路器不符合规范要求，在发生触电事故时，漏电断路器未能断开电路，未起到保护作用。

2）间接原因如下：

①建设公司违反《施工现场临时用电安全技术规范》（JGJ 46—2005），施工现场配电系统未实行三级配电；开关箱的进、出线使用

有接头的电缆；未按照规定定期对漏电断路器检测其特性。

②建设公司事故隐患排查治理不到位。未能及时发现并消除施工现场存在的事故隐患。

（4）事故教训和整改措施

经调查认定，这起人员触电事故是一起生产安全责任事故。

1）建设公司应从这起事故中吸取深刻的教训，施工现场临时用电要严格执行相关国家标准或行业标准；要建立健全生产安全事故隐患排查治理制度，加大对施工现场生产安全事故隐患排查治理力度，及时发现并消除作业现场存在的事故隐患。

2）开发公司要加强对工程承包单位的安全生产工作统一协调、管理，定期对施工现场进行安全检查，确保检查不走过场；要督促施工单位严格执行安全生产法律、法规和标准。

3）苏宿园区管委会要认真履行属地监管责任，加强对属地建筑、市政施工现场的监督管理，督促建筑施工企业严格落实安全生产主体责任，严防类似事故再次发生。

（5）相关知识与管理借鉴

人员触电事故是发生率比较高的事故。触电事故之所以频繁发生，其中一个原因，就是施工单位往往认为施工用电是临时的，只要能满足施工动力和照明的需要就可以了，凑凑合合、马马虎虎，对有关用电的安全防护措施重视不够。同时，在客观上，建筑工地环境复杂多变，也给施工用电带来许多不安全因素。

在用电管理上，可以参考宁波某建筑公司保障施工安全的做法。

该公司要求所属项目部，在施工现场制作危险源提示牌。一进工地大门，人们就可以清楚地看到门口挂着“建筑工程施工安全警示牌”，所有超过一定规模的危险性较大的分部分项工程作业点都悬挂“重大危险源公示牌”“危险源动态公示牌”等，对危险源名称、施工时段、危险因素、控制措施、责任单位、责任人、联系电话、建筑施工安全监督机构及联系电话等进行公示。

该公司要求所属各个项目部安全员将脚手架、基坑支护、模板工程、“三宝”“四口”防护、施工临时用电、塔吊、施工电梯等作为平时重点巡查、重点监管的部位，如果发现有不按照方案施工的，就要求立即整改，一旦发现有危及人身安全的紧急情况，会当即组织作业人员撤离危险区域。比如施工临时用电，现场配电系统设置总配电箱、分配电箱、开关箱，实行三级配电、三级保护，采用 TN—S 接零保护系统（一种线路保护系统），开关箱由末级分配电箱配电，动力配电箱与照明配电箱单独设置，每台用电设备配有各自专用的开关箱。配电箱进、出线在箱底进出，并分路成束加 PVC 套管保护，配电箱内的连接线采用绝缘导线，排列整齐。现场所有的配电箱均进行编号，标明其名称、用途、维修电工姓名，箱内有配电系统图，标明电器元件参数及分路名称。配电箱由专人进行管理，箱门配锁，有防雨、防砸措施，箱内保持清洁，所有配电箱、开关箱每月检查、维修一次。

### 7. 房顶维修作业人员忽视安全接触高压线触电事故

2017 年 3 月 19 日 16 时 04 分，河北省霸州市某钢结构工程有限公司（以下简称钢结构公司）在承接雄县河北某塑胶制品有限公司（以下简称塑胶制品公司）前院北库房房顶维修工程项目彩钢顶棚拆除作业过程中，发生一起触电事故，造成 1 人死亡，直接经济损失 122 万元。

（1）项目基本情况

2017 年 3 月 1 日，塑胶制品公司（甲方）与钢结构公司（乙方）

签订了公司前院北库房房顶维修工程施工合同，承包范围包括塑胶制品公司前院北库房房顶漏雨的维修工程，包含拆板、换板、安装排查漏斗等项目。

塑胶制品公司前院北库房外高压线位于仁义庄35千伏站10千伏来旺518线来旺分支7号、8号杆之间，邻近8号杆。该分支东西走向，10千伏线路在塑胶制品公司北库房北侧，水泥杆为12米，地埋2米。8号杆距离厂房2.58米，边相导线与厂房水平距离为1.53米。塑胶制品公司北库房北侧房山高度约6米，与导线垂直投影距离为3.1米，满足规程要求。

（2）事故经过和救援情况

2017年3月19日，钢结构公司施工现场负责人戈某柱和施工人员姚某涛、刘某伟3人在塑胶制品公司前院北库房进行维修作业。戈某柱在库房北房山外（塑胶制品公司院外）清理一些掉落下来的彩钢结构排水槽，姚某涛站在库房北房山拆除排水槽（标准长度为6米），并将其扔到库房内，刘某伟在库房内清理拆下来的排水槽。戈某柱注意到厂房外有高压线，提醒姚某涛“注意北面的高压线”，姚某涛扭头看了看，但未引起注意。

16时04分，戈某柱听到“哧”的一声响，发现姚某涛手中的排水槽接触到厂外公用高压线，姚某涛随即倒在北库房房顶上。戈某柱立即向塑胶制品公司院里跑，并大喊“有人触电了！”

16时06分，塑胶制品公司土建工程负责人得知有人触电后立即拨打了“120”急救电话。现场人员发现姚某涛躺在库房房顶上，紧急组织在叉车上放上垫板，用叉车先后将戈某柱及来旺公司车间主任张某新送上房顶。戈某柱到房顶后喊姚某涛没有反应，但姚某涛还有呼吸。之后戈某柱、张某新2人将姚某涛护送到地面，并进行人工呼吸及心肺复苏。16时35分，救护车到达现场，将姚某涛送往医院。

17 时 35 分，姚某涛经抢救无效死亡。

（3）事故原因分析

1）直接原因。姚某涛忽视警告，忽视安全，违章作业，致使排水槽触及厂房外高压线，造成触电后经抢救无效死亡。

2）间接原因如下：

①钢结构公司对职工安全教育培训不到位，对施工人员没有进行必要的岗前培训等安全教育培训。

②钢结构公司未安排专职安全管理人员进行现场监督管理，造成作业现场安全管理缺失。

③现场施工人员安全意识差，对危险源辨识不够，缺乏最基本的专业知识和自我保护能力。

（4）事故教训和整改措施

这是一起因违章操作、安全生产管理不到位而引发的，且存在漏报行为的生产安全责任事故。

1）钢结构公司要举一反三，认真吸取事故教训，立即对本单位所有在建工程开展安全生产大检查，全面排查和消除各类安全隐患。要严格落实企业安全生产主体责任，加强对职工的安全教育和培训，严格施工作业安全管理，确保施工作业安全，杜绝“三违”现象。

2）各乡镇政府及有关职能部门要认真总结事故教训，举一反三，切实加强行业监管，加大监督检查力度，全面排查各类隐患和问题，坚决防范和遏制生产安全事故发生，确保安全生产形势持续稳定。

3）各企事业单位要牢固树立“安全第一”的思想，进一步落实安全生产责任制，严格执行各项安全管理制度和安全操作规程，加强对职工的安全教育和培训，切实抓好作业现场的安全管理，及时发现和消除各类事故隐患和不安全因素，确保安全生产。

（5）相关知识与管理借鉴

在这起事故中，作业人员忽视警告，忽视安全，违章作业，致使排水槽触及厂房外高压线，造成触电事故。

在建筑施工中，很多触电伤害的发生，是在高压线下违章作业造成的。国家明文规定，在高压线下方禁止搭建建筑物，也不准堆放其他物料，这就是为了预防发生触电事故。如果需要在高压线下作业，必须要有安全措施，如采取临时停电、专人监护或者改变工艺路线、避开高压线施工等。作业人员遇到类似情况时，一定要求有可靠的安全技术措施，如果没有，坚决不进行作业。

施工中避免邻近电力线路伤害的措施主要有以下几点：

1）在建工程不得在邻近电力线路下方施工、搭设作业棚、建造暂时性设施，以及堆放物品等。

2）在建工程外侧边缘与邻近电力线路之间应保持足够的安全操作距离。其中，距 1 千伏以下线路不小于 4 米，距 1 千伏至 10 千伏线路不小于 6 米，距 35 千伏至 110 千伏线路不小于 8 米，距 154 千伏至 220 千伏线路不小于 10 米，距 330 千伏至 500 千伏线路不小于 15 米。

3）施工现场机动车道与电力线路交叉时，线路距地面应保证最小垂直距离。其中 1 千伏以下线路为 6 米，1 千伏至 10 千伏以上线路为 7 米。

4）起重机任何部分（包括吊绳）与 10 千伏以下架空电力线路边线的最小距离不得小于 2 米。

5）开挖非热管道沟槽时，沟槽边缘与埋地外电电缆沟槽边缘之间的距离不得小于 0.5 米。

6）不能保证安全操作距离时，应通过增设屏障、遮栏、围栏、保护网等进行防护隔离，并悬挂醒目的警示标识牌。

7）不能保证安全操作距离，也无法增设防护隔离设施时，则应考虑迁移外电线路或改变在建工程位置。

8）施工作业时，应保证不损伤电力线路，不破坏电力线路的有关设施。

## 8. 私自将高压电缆通电未告知施工单位触电事故

2014 年 4 月 24 日 5 时 40 分许，江苏省徐州市新城区某工地在做变压器防护围栏时，发生一起触电事故，造成 1 人死亡，直接经济损失约 100 万元。

（1）项目基本情况

2014 年 3 月初，徐州市某房地产开发有限公司（以下简称徐州房地产公司）与徐州某电器有限公司（以下简称电器公司）关于徐州某小区临时用电工程达成口头协议。4 月 18 日下午，电器公司在未取得徐州某小区临时用电手续的情况下，私自将徐州某小区临时用电的刀闸合上，致使小区临时用电的高压电缆通电。徐州房地产公司负责水、电的王某波和李某，在安排江苏某建设工程有限公司（以下简称江苏建设公司）给西侧一台变压器做防护围栏工程时，工作不仔细，未告知高压电缆已通电。

（2）事故经过和救援情况

2014 年 4 月 23 日 18 时许，徐州房地产公司负责水、电的王某波和李某，找到江苏建设公司现场施工负责人曹某军，要求曹某军的施工队在 4 月 24 日 7 时 30 分前完成西侧一台变压器的防护围栏工程。曹某军就安排朱某东去买毛竹、绳，并连夜搭设围栏至凌晨 2 时。4 月 24 日 5 时 30 分上班后，施工队班长彭某普安排尚某春、尚某金、谢某海、魏某金 4 人继续给西侧变压器搭设防护围栏。彭某普让尚某春、魏某金爬上变压器的防护竹架子绑竹竿子，尚某春从东面向上爬，魏某金从南面向上爬。

5 时 40 分左右，尚某春爬上去四五米高处时，他的左腿突然冒火花，接着人就仰面倒在变压器上面。事故发生后，现场立即拨打“120”急救电话，同时进行积极施救，但尚某春因伤势太重，当场死亡。

（3）事故原因分析

1）直接原因。电器公司在未取得徐州某小区临时用电手续的情况下，私自将小区临时用电的刀闸合上，在高压电缆已通电的情况下，未书面告知建设单位和施工单位，未采取安全措施，由此导致事故。

2）间接原因如下：

①江苏建设公司在给西侧一台变压器做防护围栏工程时，没有施工方案，没有安全交底，是造成该起事故发生的间接原因之一。

②徐州房地产公司负责水、电的李某和王某波在安排江苏建设公司给西侧一台变压器做防护围栏工程时，工作不仔细，未告知高压电缆已通电，是造成该起事故发生的间接原因之一。

（4）事故教训和整改措施

这是一起管理不到位，违章指挥、违章作业所造成的生产安全责任事故。这起事故暴露出事故单位对施工现场安全管理不到位、施工人员安全教育培训不到位，违章指挥、工人冒险施工、施工人员安全意识淡薄等问题。

1）为吸取事故教训，防止类似事故发生，事故单位要认真贯彻执行有关法律法规，严格执行报批手续和操作规程，严格施工现场的施工方案制定和安全交底，加强施工人员安全教育培训，强化工人安全意识，加强施工现场安全管理，加强事故隐患排查，落实整改措施，及时消除事故隐患，防止事故的发生。

2）施工建设、监理单位及相关管理部门要举一反三，深刻吸取事故教训，牢固树立科学发展、安全发展理念，严格落实安全生产主体责任，切实抓好安全生产各项政策措施的落实，全面提高项目施工安全管理水平。

3）施工单位应切实加强企业内部管理，认真贯彻执行有关法律法规、作业标准和操作规程，加强现场施工人员安全技术交底，加强人员的安全教育和培训，强化全员安全生产（施工）意识，严禁施工人员违反操作规程作业，对于危险性较大的施工现场，要设置明显的警示标识，严格执行有关危险作业管理制度，配备相应的安全设施，采取安全防范措施，设置作业现场的安全区域，确定专人在现场统一指挥和监督，加大安全管理和检查力度。

4）分包单位应严格履行安全生产管理职责，严格审查分包单位的资质，加强对施工单位的管理和现场监督检查，严格审查承包企业的施工方案，对施工单位存在的违法违规行为，要及时督促整改，将事故隐患消除在萌芽状态。

5）监理单位应切实加强施工安全监理工作，健全安全监理责任制度，落实监理人员监理职责，认真编制监理规划和实施细则，对施工单位施工组织设计、专项施工方案、安全事故预防和监控措施、安全技术措施等要认真审核把关，认真做好监理巡查工作。

6）建设单位应建立施工现场安全风险评估制度，加强地质灾害、施工安全环境以及每一个施工标段、环节、部位的隐患排查，建立长效工作机制，确保安全责任落实到位、防范措施部署到位、事故隐患整改到位。

（5）相关知识与管理借鉴

这起事故的发生，实在出乎意外。建筑工地都是几家单位共同施工作业，相互之间必须做好协调工作，尽量避免交叉作业，也避免发生意外伤害。在这起事故中，电器公司的错误做法，不仅容易导致人员触电事故，还会引发火灾爆炸事故，后果极为严重。

这种错误做法，只会在管理混乱的建筑工地发生，对于管理规范、要求严格的建筑工地，是不可能发生类似事故的。在这方面，可以借鉴西安市某建设公司对地铁 1 号线、2 号线工程建设管理的做法。

该公司在施工中实施“三查”制度，即通过“日巡查、周检查、月督查”的检查方式，在安全生产过程中有层次、有针对性地排查隐患。不同的检查层级，检查内容不同，由不同的人员组织开展，可使施工中各个管理层级都参与到安全管理中来，从而有效地解决隐患排查不彻底、治理不及时的问题，更好地落实施工单位安全生产主体责任。

1）日巡查。日巡查的重点是检查现场，主要是指做好施工现场的日常安全检查，包括管理者对班前讲话环节执行情况的监督检查，以及安全员、质检员、电工、机械工等开展的日常巡查。项目安全管理部门针对每日施工各个环节，从人的不安全行为、物的不安全状态入手，重点针对安全防护措施是否到位，安全防护用品配备情况，防护栏杆是否符合要求，临边洞口防护是否到位，施工用电是否满足规范要求，机械设备是否处于完好状态，作业人员持证上岗情况等进行检查。通过巡查，发现并制止违章作业现象，纠正违章作业行为，从而提高安全管理人员的认知水平，培养作业人员的安全意识，营造“安全无小事，人人要安全、懂安全、会安全”的良好氛围。

2）周检查。周检查是指由项目经理委托主管生产的副经理或安全总监组织，项目部相关部门参加的专项安全检查。其重点是纠正行为，即在日巡查的基础上，现场检查印证日巡查的工作质量，以及纠正工作人员的不安全行为。工程部通过施工现场的工序执行情况，特别是在工序转换时，检查施工专项方案交底、技术交底情况；安质部通过检查日巡查记录，结合现场发现的安全隐患，针对安全隐患的性质，制定有针对性的预防措施；机械部通过检查机械设备日常检查记录、维修保养记录和现场问题，分析设备问题背后的原因，以杜绝设备带病作业等。周检查透过这些现场发现的安全隐患，挖掘出导致隐患发生的深层次原因，从而制定针对性措施，实现安全的本质化管理。

3）月督查。月督查的重点是完善体系，主要是指由项目经理组织，全面督查项目部所管辖范围，重点检查项目体系建设情况，同时应督查项目部各项制度的落实执行情况；施工组织设计（用来指导施工项目全过程各项活动的技术、经济和组织的综合性文件）是否按阶段进行了宣贯，效果如何；施工方案与现场施工情况是否符合；上级会议文件是否及时传达落实；周检查还存在什么问题等。月督查通过系统全面地督查项目部，及时掌握所管辖范围是否还有死角，管理轨迹是否全覆盖，做过的工作是否留有痕迹，体系是否完善等，如存在问题，应及时对体系进行修正，经反复循环逐渐完善体系。

2013 年，该公司严抓“三查”制度的落实，开展安全大检查 16 次，每月组织安全检查，每周安排人员到现场巡查，监督监理单位、施工单位落实“三查”制度。全年累计下发安全、质量监督简报 23 期，对监理单位与施工单位未落实“三查”制度的情况处罚 42 次，罚款 60.6 万元，下发整改通知书 17 份，全年对管理较差的施工、监理主要管理人员约谈 20 余人次，有效地促进了地铁建设安全。

## 七、其他伤害事故

在建筑施工中，除了要预防高处坠落、物体打击、坍塌、机械伤害、起重伤害、触电伤害等事故，还需要预防火灾、人员中毒窒息、淹溺等事故。火灾、中毒窒息、淹溺等事故，虽然不像建筑业传统“五大伤害”发生得那么频繁，危害那么严重，但同样对施工作业人员的生命和健康构成威胁，同样需要注意加以防范。

在建筑施工工地，存在火灾以及爆炸灾害的事故隐患。施工现场存在着大量的可燃易燃物料，如建筑与装饰用的大量木材，涂料作业用的油漆、稀料，气焊作业用的乙炔气体、氧气，各类作业车辆及食堂做饭用的大量燃料等。与此同时，施工现场存在着种种火源，如电气焊作业会散落很多火花，工地上大量电源设备以及大量的临时电源线可能起火，个别人违章吸烟等。当可燃易燃物遇上这些火源就有可能引发火灾。

对各类事故的预防，需要运用管理制度来提供保障，这也被事实证明是一种极其有效的方法。管理制度是一种规范，它明确企业管理者和员工的职责，规范企业管理者和员工的行为，从而形成井然有序、各负其责的生产、工作秩序。没有这种秩序，企业就无法正常运转，生产安全也就无法保证。

在企业安全生产各项管理制度中，最为重要的就是岗位责任制。岗位责任制是企业加强安全生产管理，确保安全生产的一项基本制度。对建筑施工企业来讲，岗位责任制实际上是一个体系，除了岗位责任制之外，它包括许多具体的规章制度，如奖励惩罚制度、安全教育培训制度、考核合格上岗制度、施工现场管理制度、交接班制度、巡回检查制度、设备维护保养制度等。岗位责任制体系还涉及安全技术方面的措施和规定，如安全技术操作规程（包括工艺规定和技术规范），佩戴劳动防护用品用具的规定，危险区域用火申请规定，执行消防器材、用具使用的规定，防暑降温以及防冻保温的规定，制定紧急处理措施如断水、断电、断蒸汽、断压缩空气、断可燃气体、断原料的规定，以及中断机械运转、断润滑油等的规定。建筑施工企业在制定安全管理制度的过程中，要根据具体情况，要有针对性，而且要简明扼要，突出重点，努力做到事事有人管，人人有专责，使安全生产责任制度充分发挥作用。

建筑施工企业安全生产责任制度主要是各级管理人员和作业人员的责任制度、安全教育培训制度、奖励惩罚制度、施工现场管理制度等。规章制度的建立使各级管理人员和作业人员明确自己的职责范围，明确自己的工作任务内容，规范其行为，为安全生产奠定良好的基础。

## 1. 售楼处展示沙盘电气线路接触不良引发的火灾事故

2010年8月28日14时45分，辽宁省沈阳市铁西区某商业广场售楼处（以下简称商业广场售楼处）发生火灾，共造成12人死亡、10人受伤，过火面积350平方米，直接财产损失9万元。

(1) 项目基本情况

沈阳某房地产有限公司（以下简称沈阳房地产公司）所属的铁西区商业广场售楼处，位于沈辽东路和兴华南街交界处向西100米处，建筑物共2层，总建筑面积约910平方米，外部南侧为玻璃幕墙。一层建筑面积420平方米，为楼盘展示区和客户接待区，二层建筑面积490平方米，为办公区。

2007年3月，沈阳房地产公司申报沈阳商业广场项目并通过消防设计审核。2009年7月，沈阳房地产公司变更消防设计，重新对A、B、C、D、E住宅组团62.7万平方米住宅组团的施工图设计进行了消防设计备案，未被确定为抽查对象。2009年11月，33.3万平方米C、D、E住宅组团竣工后，沈阳房地产公司在网上进行了消防验收备案，未被确定为抽查对象。

发生火灾的售楼处为2幢住宅楼之间的2层商业用房，由原7个相邻的独立商业服务网点改建连通而成。该售楼处建筑内部装修工程的消防设计未向消防机构申报消防审核、验收，也未进行消防设计备案。该售楼处的产权单位为沈阳房地产公司，由沈阳某建筑设计咨询有限公司负责设计。

(2) 事故经过和救援情况

2010年8月28日14时30分左右，商业广场售楼处发生火灾。火灾发生后，售楼处销售大厅内放置的大量宣传用展板和条幅等易燃物品，致使火灾迅速蔓延。同时沙盘材质为易燃材料，燃烧后释放出大量有毒有害气体并在短时间内封锁出口。售楼处是一个玻璃幕墙封闭的建筑，无窗户和户外楼梯，浓烟封锁楼梯后，二楼人员无法逃生，导致伤亡扩大。事故暴露出该单位违规使用易燃可燃装饰装修材料、建筑消防设施不完善等突出问题。

8月28日14时45分，沈阳市公安消防支队接到报警，指挥中心迅速调派铁西、启工2个消防中队的9辆消防车、49名指战员赶赴现场扑救。辖区中队铁西消防中队于15时04分到场，通过外部观察发现，现场一楼起火，火势已经处于猛烈燃烧阶段，二楼从窗口冒出大量浓烟，二楼西侧窗口有人员呼救。铁西中队消防迅速组成4个救人组、3个灭火组，实施灭火救人。15分钟后，火势基本扑灭。启工消防中队到场后，组成3个救人组，进入二楼内部搜救被困人员。15时25分，大火被彻底扑灭，共疏散救出被困人员40余名。

这起火灾共造成12人死亡，10人受伤，死伤人员为该售楼处工作人员及看房人员，过火面积350平方米，直接财产损失9万元。

（3）事故原因分析

事故之后，调查组经询问有关人员、勘验火灾现场、收集有关证据材料，综合认定该起火灾起火原因系售楼处楼盘展示沙盘内的电气线路接触不良过热，引燃可燃物所致。

（4）事故教训和整改措施

经过调查，事故调查组认为存在的主要教训如下：

1）单位擅自变更设计，取消自动消防设施。该建筑原为7个独立的商业服务网点，各有一部楼梯。沈阳房地产公司在装修阶段没有经过公安消防部门审核、备案，擅自将7个网点打通，形成了近千平方米的商业用房。该商业用房设计了火灾自动报警和自动喷水灭火系统，但未按图纸进行施工，擅自取消了火灾自动报警和自动喷水灭火系统。已有的消防设施也不完善，多个墙壁消火栓没有栓口、水带和水枪，导致火灾发生时消火栓不能发挥作用。

2）初起火灾处置不当，组织逃生疏散不利。火灾初起时，员工使用灭火器进行处置，但扑救方法不当未能奏效。在扑救力量不足的情况下，盲目打开沙盘侧面维修口，导致新鲜空气涌入发生轰燃，大大缩短了人员逃生时间。火灾发生后，一楼工作人员没有及时通知二楼人员火灾情况，没有有效组织人员疏散。二楼工作人员及顾客得知火情后，不以为然，不及时逃生；待烟雾蔓延到二楼后，未能选择正确的逃生自救路线，不了解逃生自救的方法和程序，造成不应有的人员伤亡。

3）消防监督检查和宣传培训力度不够。公安消防部门组织的火灾隐患排查整治以人员密集场所、公众聚集场所、公共娱乐场所和石油化工等易造成重大人员伤亡的场所为重点，未将售楼处等临时性建筑作为整治对象。同时，消防监督人员对国家技术标准上未有明确要求的楼盘展示沙盘的火灾危险性估计不足，检查不细、不全。该起火灾还暴露出公众消防安全意识不强、消防安全素质不高，从业人员不能正确扑救初起火灾和组织逃生疏散的问题，表明消防宣传培训工作还需进一步加强。

（5）相关知识与管理借鉴

这起火灾事故的发生是有原因的，商业广场售楼处的装修改造施工图设计中，降低了消防技术标准设计，取消了火灾自动报警和火灾自动喷水灭火系统，使用了可燃材料装修，未按消防技术标准设计疏散楼梯和玻璃幕墙与楼板缝隙处的防火封堵材料，构成火灾隐患，导致火灾发生后，火势和有毒烟气迅速蔓延，造成重大人员伤亡。

近些年，随着基建规模的不断扩大，各地建筑施工火灾事故的发生也日益频繁，因此，加强施工现场火灾事故的防范也越来越重要。建筑施工现场火灾事故的类型主要有焊割火灾事故、电气火灾事故、电热器具烤着可燃物火灾事故、随意抛掷烟头引燃可燃物火灾事故等。

电气火灾事故的发生，主要是建筑施工现场场地电线线路分散，施工机具、照明设备较多，且大都设置在室外，容易发生受潮、老化。一旦出现漏电短路或负荷过大等电气故障时，就有可能引起火灾。像这起火灾事故，在建筑施工中比较少见。

建筑施工现场火灾事故的主要防范措施如下：

1）建立健全和落实消防安全责任制。施工现场必须建立健全消防安全责任制，并成立领导小组。施工企业、工程项目部和施工班组要层层签订消防安全责任书，履行各自的消防安全管理职责。项目部应根据工程的规模配置1名以上的兼职消防员，有条件的工地，可以建立一支经过培训的义务消防队伍。项目部还必须建立防火制度、动火审批制度、消防安全检查制度、危险品登记保管制度、职工消防安全教育制度等，并认真贯彻落实。

2）认真编制和执行消防专项安全方案。项目部要根据工程的情况，确定防火重点部位和重点环节，制定相应的措施和火灾事故应急预案，编制消防专项安全方案，绘制消防设施平面布置图，并将该图与工地的“五牌一图”放在一起。在消防设施平面布置图中，应当明确消防设施的位置、类型和数量，还应标明疏散通道。施工前，项目部还应制订防火、防爆安全计划，划分防火责任区，并落实到各班组。项目部在进行安全教育和安全技术交底时，应当将消防专项安全方案的内容和消防制度也作为培训和交底的内容，传达到每一个施工人员。

3）严格火源管理。项目部应加强现场火源的管理，严格动火审批制度。在食堂、仓库、材料堆场、木工制作场地等重点部位应设立明显的“严禁烟火”等防火、防爆标识。易燃、易爆物品应由专人负责管理，并建立台账资料。氧气瓶、乙炔发生器等受压易爆器具，要按规定放置在安全场所，严加保管，严禁暴晒和碰撞。气焊场所应远离料库、宿舍。施工现场应禁止在具有火灾、爆炸危险的场所动用明火，因特殊情况需动用明火作业的，应根据动火级别按规定办理审批手续，并应在动火证上注明动火的地点、时间、动火人、现场监护人、批准人和防火措施等内容。施工现场还应设置固定的吸烟室，杜绝游烟现象。

4）消防设施的配备和保养。项目部在对灭火器配置的设计计算时，应先确定配置场所的危险等级、火灾种类以及要保护面积所需的总灭火级别，然后根据各设置点的具体要求、准备选用的灭火器种类、灭火器规格来确定配置数量，根据配置场所的固定消防设施情况进行修正。根据要求，建筑物每层楼梯口、脚手架每排上下通道处应配置不少于一个灭火器。当建筑施工高度超过 30 米时，应配备足够的消防水源和自救的用水量，立管内径应在 50 毫米以上，每层设置消防水源接口，并有足够扬程的高压水泵保证水压。在食堂和餐厅，应根据面积大小分别配备一个以上的灭火器。在仓库、生活区、办公区、木工制作场地、模板堆场等重点部位也必须配置足够的灭火器。

## 2. 焊接作业焊渣引燃地面聚氨酯泡沫火灾伤亡事故

2018 年 3 月 13 日 8 时 10 分左右，位于江苏省泰州市海陵区的江苏某食品有限公司（以下简称食品公司）在冷库改建过程中，发生一起火灾事故，造成 9 人死亡、18 人受伤，直接经济损失约 1 434. 79 万元。

(1) 项目基本情况

2017 年年底，食品公司在未办理建设工程规划、施工许可等手续的情况下，将厂房中跨西侧整体改建为冷库，并将改建冷库的管道安装施工劳务发包给施某个人，保温施工发包给某施工公司（以下简称施工公司）。

2017 年 12 月，食品公司组织人员将冷库改建区域内的隔墙和制冷管道拆除，形成南北约 36 米、东西约 76 米、高约 7 米、面积约

2 700 平方米的车间，并进行了木质吊顶。2018 年 2 月 25 日开始，施某组织 20 余名工人开始管道安装，其中从事焊接与热切割作业的张某、洪某等 7 人均未持有效的特种作业操作证。施工公司安排 3 名工人进场进行冷库保温施工。

冷库改建时仅有 2 个出入口、1 个预留门洞，保温材料喷涂施工时未采取强制通风措施。施工区和北跨冷库间通道未按照相关规定要求采取防火隔离措施。在施工期间，管道安装动火作业曾引发保温材料起火，被现场工人使用灭火器扑灭，但灭火器使用后未进行检查及更换。

施工公司冷库改建保温材料采用硬质聚氨酯泡沫塑料，是通过异氰酸酯与组合聚醚（由聚醚多元醇、发泡剂、催化剂和阻燃剂等组成）混合，经专用设备现场高压喷涂在墙面、顶部发泡形成的高分子聚合物。其中，异氰酸酯为无色清亮液体，遇热、明火、氧化剂易燃，燃烧时释出异氰酸甲酯蒸气、氮氧化物、一氧化碳和氰化氢。

（2）事故经过和救援情况

2018 年 3 月 13 日 7 时左右，施某组织 26 名工人在冷库改建车间安装管道，其中十余人在车间外从事管道切割、搬运作业。施工公司 2 名工人在施工现场进行保温施工扫尾。在北跨冷库间通道内有数十名承租户业主及其雇用的工人在搬运冻制品。

8 时 10 分许，施某所雇焊工张某、洪某在施工现场东南角移动脚手架上（约 5 米高）焊接管道时，发现脚手架南侧地面的聚氨酯泡沫碎屑着火，随即用灭火器扑救，灭火器无效，在现场的施某及其他几名工人也参加灭火，但未能控制火势。火势迅速沿墙面蔓延至顶棚并扩大，引起聚氨酯遇热分解的可燃气体轰燃，大量烟尘、毒性气体和火焰从北墙上下门洞窜入北跨冷库间通道，部分人员未能逃出。

火灾发生后，现场人员打电话报警，8 时 22 分，泰州市“119”

指挥中心接到报警。8 时 30 分，市消防支队春晖路、江州路、红旗等 7 个消防中队，共 24 辆消防车、114 名消防官兵立即到场灭火。9 时 15 分火势得到控制。10 时 52 分左右，现场明火被扑灭。因现场有燃烧产生的有毒气体，过火区温度较高，烟雾浓度大，现场搜救极其困难。至 13 日 22 时，搜救清理结束。火灾造成 2 人死亡、25 人受伤，伤者被分别送至市人民医院、市中医院、市第四人民医院抢救。

在事故报告期内，这起火灾事故共造成 9 人死亡、18 人受伤，其中施工人员中 3 人死亡、4 人受伤，造成直接经济损失约 1 434.79 万元。

（3）事故原因分析

1）直接原因。焊接人员在未采取防火防护措施的情况下进行动火作业，焊渣引燃地面及墙面的聚氨酯泡沫，并迅速蔓延，聚氨酯热分解出大量可燃气体，短时间内引起轰燃。冷库改建施工区和北跨冷库间通道未采取防火隔离措施，大量有毒、有害气体和火焰窜入北部通道，通道内有数十名搬运冻制品人员，导致较大伤亡。

2）间接原因如下：

①食品公司违法组织建设活动。一是擅自组织工程建设。未办理建设工程规划、施工许可等手续，违法改建冷库，规避相关部门监管。二是违法发包施工劳务。将管道安装施工劳务发包给不具备资质的施某个人。三是违规组织动火作业。未按规定要求履行动火作业审批手续，未查验相关特种作业人员操作证；动火作业前施工区与北跨冷库间通道未采取防火隔离措施。

②食品公司在施工现场安全管理缺失。作为冷库改建建设单位，未制止施工现场保温施工和动火交叉作业，未安排专职安全管理人员对动火作业现场进行监护；未督促施工方之间签订安全生产管理协议，明确各自的安全生产管理职责。实际控制人罗某、副总经理查某

不认真检查、督促施工现场的安全生产工作，施工现场的生产安全事故隐患不能及时得到消除，特别是对前期施工期间曾引发的火情没有采取针对性的防控措施，事故发生时灭火器无效，不能在火灾初期进行扑灭。施工公司未开展安全教育和培训，施工人员进场前未组织开展安全教育和培训工作，施工人员缺乏相应的消防应急知识。

③施工公司未按规范组织施工。一是保温材料不符合规范要求，为易燃材料。二是保温施工不规范，聚氨酯泡沫喷涂作业时同时存在焊接动火作业，违反相关安全管理规定，未要求食品公司进行协调。三是未按规定要求采取强制通风措施，致施工现场可燃气体聚集。

④施工公司施工现场安全管理缺失。施工公司未安排专职安全管理人员对施工现场进行安全管理。项目负责人无相应执业资格，且施工期间仅在现场 5 日，未按规定履行安全管理职责。法定代表人孙某未组织对施工现场安全生产工作进行督促、检查，未消除事故隐患。

⑤个人无资质承揽施工劳务。施某个人无资质承揽冷库改建管道安装施工劳务。施某组织无特种作业操作证人员进行焊接、热切割作业，动火作业前未按照相关规定要求对动火作业周围可燃物采取清理、覆盖、隔离措施，也未针对前期的火情采取针对性的防控措施。

（4）事故教训和整改措施

1）工程建设单位要深刻吸取此次事故的教训，切实履行建设方安全生产主体责任，坚决克服重生产、重效益、轻安全的思想。严格贯彻执行安全生产等方面的法律法规及有关标准，未取得工程建设及施工许可等手续，不得进行相关建设活动。要规范工程建设中的发包、分包行为，不得将工程发包给不具备资质的单位和个人。加强施工现场安全生产协调管理，明确各施工方的安全生产职责。督促施工方加强施工现场特殊作业管理，特别是要加强对动火作业的管理。加大施工现场的巡查检查力度，及时制止和纠正各类违规、违章作业。

2）工程施工单位应严格按照相关标准和规范组织施工。要建立严格的安全生产责任制，明确各岗位的责任人员、责任范围和考核标准，要加强安全生产责任制的监督，保证落实。要严格按规定配足配齐施工项目管理人员，并加强对项目施工现场安全生产工作的督促检查。建立严格的规章制度和安全操作规程，并加强对从业人员的安全生产教育和培训。规范施工现场的安全管理，加强协调，及时告知相关方施工过程中的危险因素和安全防范措施，避免违规的交叉作业。加强危险性较大施工作业的现场监督，及时排查并消除各类事故隐患。

3）海陵区要切实强化党委政府领导责任、地方属地管理责任、行业部门监管责任，形成齐抓共管、各负其责的安全生产工作格局。要加强对各层各级安全生产工作的指导协调、监督检查、巡查考核，督促正确履职、依法履职，切实担负起安全生产监管职责。应加强街道、园区安全生产监管能力建设，配齐配强监管人员，构建安全生产监管网络。加大行政执法工作力度，依法打击非法违法生产经营建设行为，避免行政执法工作中出现失之于软、失之于宽的现象。

（5）相关知识与管理借鉴

在这起事故中，焊接人员在未采取防火防护措施的情况下进行动火作业，又没有注意地面及墙面的聚氨酯碎屑，飞落的焊渣引燃聚氨酯泡沫，进而引发大火并导致人员伤亡。

在电焊作业时，电焊工应注意以下事项：

1）操作时应穿电焊工作服、绝缘鞋和戴电焊手套、防护面罩等劳动防护用品，高处作业时系安全带。

2）电焊作业现场周围10米范围内不得堆放易燃易爆物品。

3）雨、雪、风力6级以上（含6级）天气不得露天作业。雨、雪后应清除积水、积雪后方可作业。

4）操作前应首先检查焊机和工具，如焊钳和焊接电缆的绝缘、焊机外壳保护接地和焊机的各接线点等，确认安全合格方可作业。

5）严禁在易燃易爆气体或液体扩散区域内、运行中的压力管道和装有易燃易爆物品的容器内以及受力构件上焊接和切割。

6）焊接曾储存易燃、易爆物品的容器时，应根据介质进行多次置换及清洗，并打开所有孔口，经检测确认安全方可施焊。

7）在密封容器内施焊时，应采取通风措施。间歇作业时焊工应到外面休息。容器内照明电压不得超过12伏。焊工身体应用绝缘材料与焊件隔离。焊接时必须设专人监护，监护人应熟知焊接操作规程和抢救方法。

8）焊接铜、铝、铅、锌合金金属时，必须穿戴劳动防护用品，在通风良好的地方作业。在有害介质场所进行焊接时，应采取防毒措施，必要时进行强制通风。

9）施焊地点潮湿或焊工身体出汗后而使衣服潮湿时，严禁靠在带电钢板或工件上，焊工应在干燥的绝缘板或胶垫上作业，配合人员应穿绝缘鞋或站在绝缘板上。

### 3. 拆除截水墙作业现场通风不良导致的窒息事故

2015年1月31日16时50分左右，位于湖南省长沙县长沙经济技术开发区黄兴大道梨江港污水管道工程Wz 42—Wz 50顶管工程施工过程中发生一起窒息事故，造成3人死亡，直接经济损失360万元。

（1）项目基本情况

梨江港污水管道工程系由某开发集团公司（以下简称开发公司）投资建设，沿线共设置66座检查井，于2012年10月建设完成，于

2013 年 12 月投入使用，承载和收集沿管线企业生产生活排放的污水。至事发时，管内污水沉积最长达 2 年，水质环境恶劣。

2012 年 8 月，开发公司面向社会公开招标施工单位。谭某中与其合伙人贺某袖商定后，主动联系某建设公司（以下简称建设公司）业务经理周某并口头约定：谭某中借用建设公司资质参加投标，投标费由谭某中负责，投标书及投标文件由建设公司负责制作，如工程中标，则工程由谭某中负责组织实施。

谭某中和贺某袖以建设公司的名义中标后，于 2013 年 3 月 20 日组织人员、设备进驻现场开始施工前的准备工作。为保证顶管作业安全，施工方在 Wz 44 井南面管道内前端约 50 厘米处砌一截水墙。2015 年 1 月 23 日，相关单位召集谭某中、贺某袖和监理单位陈某熙商量截水墙拆除施工，要求编制截水墙拆除施工方案，经监理单位、建设单位审批同意后方可实施。谭某中、贺某袖等人查看了 Wz 44 井有关情况（井内污水深度约 6 米）后，于 1 月 27 日口头报告截水墙拆除方案：用风镐在距井底 30 厘米截水墙上钻 1 个直径约 10 厘米的孔，待上游污水放完后再组织人员凿垮截水墙。开发公司范某金表示，截水墙上钻孔可能会导致墙体坍塌和管内空气质量问题，后再未提出反对意见和拆除方案的补充意见，也未要求谭某中制定书面方案报监理单位审查。1 月 30—31 日，贺某袖先后 2 次电话告知范某金，准备拆除截水墙作业。范某金在明知截水墙拆除方案未审批的情况下，没有采取措施加以制止。

（2）事故经过和救援情况

1）事故发生经过。2015 年 1 月 27 日，谭某中、贺某袖担心管道内空气有毒，安排人员将 Wz 44 井、Wz 45 井的井盖打开，让有毒气体自然流出。1 月 28 日，贺某袖带领作业人员熊某平下至 Wz 44 井井底离地面约 7 米处体验空气状况，2 人均认为可以施工。

1 月 31 日 13 时许，贺某袖开启空压机，作业人员熊某平、黄某新、黄某梁 3 人穿好水裤、雨衣，戴上普通防毒面具，在谭某中和贺某袖的指挥下携带低压矿灯、风镐及正在通风的胶管（直径 40 毫米，长约 150 米）沿软梯下到 Wz 45 井井底，然后前行 120 米左右到达截水墙作业面，并将三通管接头与通风胶管连接，三通管接头另外 2 个端口分别连接 2 根短胶管（一根与风镐连通用于作业，另一根放置井底为现场输送新鲜空气），随后便用风镐开始拆除作业。16 时许，熊某平站在 Wz 45 井井底向谭某中喊话要送点水下去，谭某中便到附近商店购买矿泉水、可乐各 3 瓶，用绳索捆绑好后吊送到井底，随后熊某平将水和饮料送到截水墙拆除作业面。16 时 50 分许，贺某袖听到井下有人呼叫，并看到 Wz 45 井井底有水流过，由于风镐声音大，贺某袖未听清楚呼叫内容。5 分钟后，贺某袖再次听到井下呼叫，认为截水墙已经打通，便关掉了空压机。几分钟后，由于未听到井下有人回应，贺某袖沿软梯下到 Wz 45 井井底，因井底管道黑暗，贺某袖出井到附近商店购买手电筒后再次下至井底，前行到距施工作业面约 20 米时，发现管道内的污水深度约 0.5 米，水面上漂浮约 0.5 米高的黄色泡沫，空气中伴有较强的刺鼻性气味，由于未看到 3 名作业人员，自己未戴防毒面具，贺某袖没有继续寻找，立即返回地面并拨打了“119”电话。

2）事故救援情况。17 时 20 分许，长沙经济技术开发区消防大队赶到现场展开救援，消防队员下到污水管道内向前行约 100 米处，发现前方管道内塞满了泡沫，无法前进搜救，遂返回地面。随即消防大队迅速请求支援，长沙市消防支队、长沙县消防大队先后赶到现场开展救援。19 时 35 分，市安全监管局接到事故报告后，立即向湖南省矿山救援长沙基地宁乡煤炭坝矿山救援队下达救援任务。20 时 55 分，宁乡煤炭坝矿山救援队队长贺某文带领 9 名救援队员携带专业技术装备到达事故现场并制定了救援方案。21时，贺某文带领6名救援队员携带个人氧气呼吸器和生命探测仪等技术装备从Wz 45井下井，沿污水管道前往事发地点搜索前行。22时许，救援人员前行110米时，发现3名民工浮在距截水墙约3米的污水中（头朝截水墙挡头，面部朝下），经救援队员检查，发现3人均无呼吸、无脉搏、无心跳。22时55分，3名民工被全部救出来，经急救医生初步确认已无生命体征，后被送往长沙市八医院确认窒息死亡。

3）事故现场环境情况。救援队的救援报告显示：井底氧气体积浓度18%，甲烷体积浓度1.3%，二氧化碳体积浓度1.86%；沿污水管道前行至70米处，氧气体积浓度16%，甲烷体积浓度2.5%，二氧化碳体积浓度3.2%，管道内有泡沫；前行至100米处，氧气体积浓度8%，甲烷体积浓度4%，二氧化碳体积浓度5.2%，管道内水深1米，泡沫齐胸部，截水墙右边中上部有30厘米×30厘米左右的水源孔洞，水源向外喷水的距离约10米，并在巷道中形成泡沫。事故发生后，经湖南职业病防治院现场取样检测，Wz 45井下8米处检测到氨气（0.3毫克/米$^3$）、硫化氢（0.8毫克/米$^3$）等有毒气体。

（3）事故原因分析

1）直接原因。截水墙拆除作业现场通风不良，凿穿截水墙后上游污水将通风胶管口淹没，喷射下来的污水撞击井底产生大量泡沫，污水中长期复杂生化反应产生的各类气体瞬间释放在狭小的作业空间，且随后地面值守人员关停空压机，致使作业面风流短路，氧气含量急剧下降，有毒气体充斥。加之泡沫形成后管道内能见度猝然降低，作业人员未配备供氧设备，在狭小作业空间无力自救，导致窒息事故发生。

2）间接原因如下：

①建设公司安全生产主体责任不落实。公司主要负责人未有效履

行安全生产第一责任人责任，公司将中标的顶管工程转包给个人。公司对项目实际负责人的建设活动除进行财务监控外，未实质履行安全生产管理职责。公司安全员对顶管工程现场安全检查不认真、不细致。虚设顶管工程项目管理机构，公司成立顶管工程项目部的文件仅为报建资料需要和应付有关部门检查，既未将文件送达和告知文件涉及的项目部管理人员，也未组织和督促文件涉及的管理人员履行安全生产管理职责。公司分管安全生产的负责人组织制定的生产安全事故报告处理制度违反有关规定，组织制定的事故应急救援预案未按规定演练。项目实际负责人未按规定编制和报批截水墙拆除专项施工方案，在有限空间有毒有害气体未经检测、安全技术措施不到位的情况下冒险组织截水墙拆除施工作业。

②开发公司安全生产主体责任落实不到位。公司违反建设施工的法定程序组织施工，顶管工程项目在初步设计未审批、施工图未审查备案、未办理质安监督手续、未办理施工许可的情况下擅自组织施工。公司现场代表对未按规定编制和报批截水墙拆除专项施工方案冒险作业行为未采取措施加以制止。

③监理公司现场监理人员履职不到位，未按规定认真审查建设公司顶管工程项目实施的负责人员、现场管理人员资质。

（4）事故教训和整改措施

1）建设公司要深刻吸取本次事故血的惨痛教训，全面落实国家有关法律法规，坚决杜绝违法转包等类似情况发生；要根据有关法律法规、规范及政策文件的要求，完善各项制度，并严格实施；要进一步加大对施工现场的组织领导，确保安全投入到位、安全管理人员履职到位、各项安全措施落实到位；要进一步完善和落实安全生产教育培训工作，提升作业人员安全生产意识和能力，提高企业本质安全生产水平。

2）要全面贯彻落实国家有关法律法规规定，建立健全安全生产责任体系，按照“管生产必须管安全，管经营必须管安全”的原则，进一步加强安全生产监管机构、安全监管队伍和安全监管制度建设，进一步明确岗位职责分工，规范工程建设各个环节报建报批工作，确保生产经营活动依法合规。

3）要牢固树立安全发展理念，始终坚守“发展决不能以牺牲人的生命为代价”这条红线，进一步加大对施工现场安全生产的督促检查力度，督促施工单位和监理单位认真履行好安全生产主体责任，切实加强对工程建设项目的安全管理，及时发现和解决施工中存在的安全隐患和问题，确保文明施工、安全生产。

（5）相关知识与管理借鉴

在市政管网施工中，特别是进行涉及污水管道疏通、地沟清理、窨井、积聚污水的新铺污水管道闭水试验等作业前，一定要注意采取以下措施：

1）要采用便携式有毒有害气体检测仪进行检测，或将活体小动物（如鸡、鸽子等）置于可疑作业环境15分钟进行先期试验，确认无有害生命特征后，专业人员才能进入作业环境下作业。

2）在安全防护方面，工程控制是最重要的措施，它主要是解决硫化氢以及其他有毒有害气体在作业环境中聚集的问题。主要做法是提供充分的局部排风和全面排风。

3）对个人呼吸系统的防护，这是个人防护的一种措施，主要是针对空气中硫化氢以及其他有毒有害气体浓度万一超标时，现场有可佩戴的防毒面具。若有紧急事态发生，在施救或逃生时，应佩戴正压自给式呼吸器。

4）进入高浓度区域作业时，要有人监护，在工作现场禁止吸烟、进食和饮水，做好个人防护工作。作业时，一是要安排专业人员；二是作业单位一定要建立操作规程和防护制度，进行人员培训，普及预防中毒窒息的相关知识；三是作业人员应学习和掌握预防中毒窒息的知识，遵守操作规程，正确使用防护设备和用品，发现事故隐患应及时报告；四是进入可能产生硫化氢以及其他有毒有害气体中毒现场的人员，必须佩戴正压自给式氧气呼吸器，同时身系救护带，并在有人监护的情况下，才能进入救援。

## 4. 顶管作业人员被困施救不当导致富氧环境伤亡事故

2010 年 11 月 3 日 23 时 40 分左右，北京市某建设工程有限责任公司（以下简称建设公司）总包承建的怀柔新城中高路排水工程污水管线顶管作业工地，作业人员对已顶进的污水管线实施破管加装顶帽过程中，已破碎管体部位上方土体发生冒落，造成 3 名作业人员被困于管道内。事故发生后，该工程项目部立即组织人员救援，采取了向被困人员所在的管线区域内输入工业氧气等救援措施。4 日凌晨 3 时左右，被困人员所在的管线区域内发生富氧燃烧，导致 3 名被困作业人员缺氧窒息死亡。

（1）项目基本情况

怀柔新城中高路（111 国道至雁栖河西路）道路工程西起 111 国道，东至雁栖河桥，为城市新建道路，包括绿化、交通、照明、雨水、污水、给水、热力、燃气、电力和有线电信通信等工程。污水工程全长约 4 197 米，其中铺设于雁栖河堤顶路的污水管线采用顶管施工工艺。

该工程建设单位为建设公司，该工程由建设公司八分公司具体负责实施。2010 年 7 月 23 日，八分公司组建成立了怀柔新城中高路道路工程项目部。同月 24 日，项目部施工作业人员正式进场施工。10

月 27 日，项目部授权项目副经理邓某遵全面主持该项目工程的相关工作。

2010 年 10 月，建设公司将该项目中污水工程的顶管作业专项施工工程发包给北京某建筑工程有限公司（以下简称北京建筑公司）和北京某置业有限公司（以下简称置业公司），并与双方签订了协议书。随后，北京建筑公司与北京置业公司达成口头协议，由北京置业公司具体负责顶管专业工程的劳务。北京置业公司将承接的劳务工程再次转包给邓某宝个人。此后，邓某宝带领自行雇用的 26 名顶管作业人员在雁栖镇乐园庄大桥南侧分别开挖 39 号竖井和 41 号竖井，安装顶管施工机械，并从 39 号竖井和 41 号竖井分头对顶水泥管，计划在 40 号竖井位置实施联通。10 月 20 日左右，因 41 号竖井内实施顶管作业时常发生塌冒，项目部停止了 41 号竖井的顶管作业，仅从 39 号竖井一侧实施顶管作业。当 39 号竖井已顶进 5 根内径为 1 000 毫米水泥管时，现场作业人员发现顶进的水泥管质量存在问题，部分水泥管已有损坏，项目部便决定换用内径为 1 050 毫米的新水泥管继续实施顶进作业。截至事故发生前，从 39 号竖井共计顶进 9 根水泥管（其中 4 根为内径 1 050 毫米的新水泥管）。

11 月 2 日下午，项目部现场安全员王某发现 39 号竖井内已顶进的内径 1 000 毫米和 1 050 毫米水泥管的连接处有裂缝，且有流沙渗漏，随即将情况向邓某遵汇报。11 月 3 日 11 时左右，邓某遵、王某和项目部技术员孟某生口头要求邓某宝立即停止施工，待制定专项方案之后再行施工。邓某宝为加快施工进度，并没有执行停工指令。当日下午，邓某宝仍安排施工人员破碎连接处内径为 1 000 毫米的水泥管，以便在内径为 1 050 毫米的水泥管前端管口处加装顶帽后，继续实施顶管作业，用内径为 1 050 毫米的新水泥管全部替换内径为 1 000 毫米的水泥管。

(2) 事故经过和救援情况

11 月 3 日 19 时左右，顶管劳务施工班班长刘某锋带领工人王某雷、李某伟、张某清到 39 号竖井下继续实施破管并加装顶帽作业。刘某锋、王某雷和李某伟 3 人在井下作业，张某清在地面负责看管物料并操作卷扬机。23 时 40 分左右，张某清发现破管作业部位砂石料塌冒，将王某雷等 3 人困在水泥管内，便找人救援。顶管作业白班班长张某民和工人张某辉等人于凌晨零时左右先后赶到事故现场施救。张某民下到井下后，将一根脚手架钢管捅过坍塌的砂石料区域，发现被堵管道内 36 伏灯泡照明正常。在确认被困人员暂无生命危险后，继续实施救援。

11 月 4 日凌晨 2 时 30 分左右，邓某宝等人赶到现场，担心被困人员缺氧，便指挥张某辉等人先后向被堵管道内输送 2 瓶工业用氧气(其中 1 瓶氧气不足)。此时，邓某遵等人也已赶到现场，在基本了解现场情况后，同意向被堵管道内继续输送工业氧气。11 月 4 日 3 时左右，当第 2 个氧气瓶内氧气输入一段时间后，被堵管道内发生燃烧并冒出烟气。随后，邓某遵组织挖掘机械在顶管塌冒上方实施明槽开挖，井上、井下分头实施救援。凌晨 3 时 50 分左右，在将事故管道上方的土方和塌冒的砂石料清理完毕后，现场施救人员将被困的刘某锋救出。怀柔消防支队于凌晨 4 时 03 分接项目部报警后，立即赶赴现场实施救援，将另外 2 名被困人员李某伟和王某雷救出。经现场确认，3 名被困人员均已死亡。

(3) 事故原因分析

1) 直接原因。顶管作业施工未按照施工方案的要求加固土层，导致内径 1 000 毫米和 1 050 毫米管道连接处破碎部位上方土体塌冒，造成作业人员被困。塌冒事故发生后，救援现场指挥人员缺乏应急救援知识，盲目向被堵管道内输入工业氧气，施救不当，被堵管道内形成富氧环境，导致被困人员头发、衣物等可燃物质在富氧环境中燃烧，造成被困人员缺氧窒息死亡。

2）间接原因如下：

①施工现场安全管理混乱。施工单位未对顶管作业人员实施必要的安全培训教育；未对直接作业人员实施技术交底，安全技术交底不到位；未按照规定配备有限空间作业必要的安全设备设施和劳动防护用品；未执行建设单位和监理单位的要求，在未制定破管作业专项方案和采取有效防护措施的情况下，冒险组织破管作业。

②工程分包管理混乱。总承包单位确定的项目经理长期未能到岗履行管理职责，未对专业分包工程项目实施有效的监督管理，未明确总承包单位和专业承包单位对施工现场的安全管理职责；专业承包单位违反规定，将劳务工程发包给不具备相应资质的单位，且未设立项目管理机构管理所承包工程的施工活动；劳务工程承包单位又将劳务工程非法转包给不具备资质的个人。

③施工监理不到位。监理单位未有效督促专业承包单位按照有限空间作业和施工方案的要求组织施工；未监督发现劳务工程非法分包和转包行为；未能有效落实建设单位停止顶管施工的要求，及时下达停工指令。

（4）事故教训和整改措施

1）加强施工现场安全管理，提高施工单位安全生产责任意识，切实落实企业安全生产主体责任。项目总分包关系不明确，施工单位安全生产管理制度得不到落实，项目部经理长期不能到岗履行相应职责，施工作业人员安全培训教育不到位，安全投入不足，诸如此类问题暴露出总包单位对分包单位安全管理松懈，需要进一步加强对所属分公司和项目部的监督管理，采取切实措施，确保项目部相关管理人员履行职责，规范用工，杜绝冒险施工现象。监理单位要加强施工现场监理，认真履行监理职责，及时发现和消除事故隐患，确保施工安全和工程质量。

2）进一步加强企业应急救援工作，针对施工特点，在认真分析安全风险的基础上，建立健全事故应急救援预案和现场处置方案，加强应急培训和应急演练，确保事故发生后采取科学有效的应急救援措施，避免因抢险施救不当造成次生事故。

3）施工单位要加强对顶管作业人员开展针对性的培训教育，提高基层人员的安全意识、安全技能及自保互保意识，杜绝习惯性违章行为，认真做好生产经营单位现场作业安全生产和事故防范工作。

（5）相关知识与管理借鉴

这起事故的发生，首先是工程层层转包、非法分包，以至于临时雇用人员，作业人员安全意识薄弱、违章操作，同时施工现场管理混乱，由此出现土体塌冒、人员被困。其次是缺乏相关知识，救援不当，盲目向被堵管道内输入工业氧气，结果导致被堵管道内形成富氧环境，被困人员头发、衣物等可燃物质在富氧环境中燃烧，造成被困人员缺氧窒息死亡。

事故之后，经北京市理化分析测试中心和北京气体协会专家检测分析，救援过程中输入的气体氧气含量为95.6%。经计算，被堵管道内的氧气浓度至少为49.5%，若考虑氧气不能很快均匀扩散的特性，输氧口附近的浓度应该达90%以上。

这是一个极为深刻的教训。一般缺氧危险作业的要求与安全防护措施主要有以下几点：

1）当从事具有缺氧危险的作业时，按照“先检测，后作业”的原则进行作业。作业前，必须准确测定作业场所空气中的氧含量，并做好记录。

2）在作业进行中应监测作业场所空气中氧含量的变化，并随时采取必要措施。在氧含量可能发生变化的作业中应保持必要的测定次数或连续监测。

3）在已确定为缺氧作业环境的作业场所，必须采取充分的通风换气措施，使该环境空气中氧含量在作业过程中始终保持在 19.5% 以上。严禁用纯氧进行通风换气。

4）在存在缺氧危险作业时，必须安排监护人员。监护人员应密切监视作业状况，不得离岗。发现异常情况，应及时采取有效的措施。

## 5. 水上作业人员未穿戴救生衣落水淹溺伤亡事故

2017 年 7 月 2 日 10 时许，在由某设计集团股份有限公司（以下简称设计集团）承接的江苏省无锡市蠡湖大桥结构健康监测技术研究与实施项目工地，发生一起淹溺事故，造成 1 名作业人员淹溺。接报后，无锡市安监局按照法律法规规定，立即组织相关部门人员赶赴现场组织搜救打捞。次日 12 时 40 分许，淹溺者尸体被打捞出水。

(1）项目基本情况

无锡市蠡湖大桥结构健康监测技术研究与实施项目于 2017 年 1 月完成招标工作，中标单位为设计集团，并于 2017 年 1 月 23 日签订了合同协议书，签约合同价款人民币 148.56 万元，合同完工期限为 120 天，工程范围为蠡湖大桥健康监测的方案设计、设备采购、软件开发、工程施工、安装调试和售后服务，项目地点位于无锡市蠡湖大桥。

设计集团中标后，组建了工程项目部，项目经理为吴某，安全员为朱某，技术负责人为许慧某，下设现场检测组和仪器设备管理组，仪器设备管理组负责仪器设备的安装，班组长为周某根。该项目现场施工安装部分于 2017 年 6 月 21 日正式开工。至事故发生时，项目现场施工部分进度完成 75%。

（2）事故经过和救援情况

2017 年 7 月 2 日上午，仪器设备管理组组长周某根带领朱某京等 4 名作业人员进至蠡湖大桥北拱肋 P14 号桥墩进行传感器安装作业。作业至 10 时许，下雨起风，放置在桥墩上的一根黑色波纹软管被风吹落到湖面，随风向东漂浮，朱某京随后脱掉外衣跳入湖中游向该软管，在桥墩东侧约 50 米处捞到软管返游，由于风大，返游缓慢，最终脱离其余人的视线，溺水失踪。随后，该公司向公安部门报警求助，请来专业打捞队伍对朱某京进行打捞。7 月 3 日 12 时 40 分许，朱某京尸体被打捞上岸。

（3）事故原因分析

1）直接原因。仪器设备管理组朱某京在作业中未穿救生衣，擅自跳入湖中打捞波纹软管，导致淹溺事故发生。

2）间接原因如下：

①蠡湖大桥监测项目部对仪器设备管理组作业人员水上作业安全教育、安全技术交底未完成。事故当日，作业现场临时负责人实施安全管理不到位，作业人员均未穿戴救生衣，这是本起事故发生的主要原因。

②设计集团无锡分公司对蠡湖大桥监测项目部安全管理不严，未严格督促检查该项目的安全生产工作，这是本起事故发生的重要原因。

综上所述，该起事故是设计集团安全管理不严、施工作业人员安全意识淡薄而造成的一起生产安全责任事故。

（4）事故教训和整改措施

1）蠡湖大桥监测项目部要深刻吸取事故教训，全面落实安全生产责任制度，确保各级各类人员充分履行安全岗位职责；针对项目实际和作业特点，严格落实安全技术交底制度，向施工作业人员详细说明作业安全的要求；要严格落实公司安全生产教育培训、安全检查等安全生产规章制度，强化对施工现场的安全管理，确保生产安全。

2）设计集团应深刻吸取事故教训，进一步健全安全生产责任制和规章制度，增强各级各类人员履职意识；要严格落实安全技术措施；要加强对承接项目的安全检查，督促项目部及时消除存在的事故隐患。

3）建设单位应认真吸取事故教训，切实加强对施工单位的协调管理，督促施工单位严格落实安全生产主体责任，认真开展事故隐患排查治理工作，及时帮助指导施工单位整改存在的事故隐患，督促监理单位履职尽职，确保生产安全。

（5）相关知识与管理借鉴

在这起事故中，仪器设备管理组人员在水上作业时未穿救生衣，以后又擅自跳入湖中打捞波纹软管，导致淹溺事故发生。事故发生后，人们都会问为什么，这种“为什么”有时候很难回答。归纳起来，就是过高估计安全，过低估计危险，过高估计自己的能力，过低估计面临的困难。

常识告诉人们，没有人希望事故发生在自己身上，因此每个人都有安全的需要。懂得安全知识，学会安全操作技能，正确使用劳动防护用品，是每个作业者的需要。所以每个人都需要安全教育，通过安全教育来提高自身的安全意识和防范能力。人的思想意识、心理素质、情绪态度和行为方式有一定的“可塑性”，正是这个“可塑性”为安全教育和培训提供了理论上的支持。然而，事故统计资料表明，发生事故的原因主要有两大因素：人的不安全行为和物的不安全状态。其中，人的不安全行为所导致的事故占事故总数的60%~70%。

安全教育是通过安全内容的学习，从理性的角度引导人们理解国家的安全生产法律法规、规范规章，认识各项安全生产规章制度及安全目标，掌握预防改善和控制危险的手段、方法。安全意识的增强使员工不仅仅知道怎样去做，还知道为什么这样做，从而实现由“要我安全”到“我要安全”的转变。

## 6. 操作挖掘机不当侧翻入水驾驶员溺水伤亡事故

2016 年 10 月 25 日 8 时 30 分左右，江苏某基础工程有限公司（以下简称江苏工程公司）在江苏某智能装备有限公司（以下简称智能装备公司）厂房前期施工过程中，一台挖掘机侧翻入水，发生一起淹溺事故，造成 1 人死亡，事故直接经济损失 122.2 万元。

（1）项目基本情况

智能装备公司由社会自然人季某平和赵某辉投资组建，厂址位于泰州市新能源产业园区。2016 年 9 月，该公司投资人口头承诺将公司厂房发包给某工程公司（以下简称施工公司）施工。

2016 年 10 月下旬，施工公司提前进场，开始施工前的“三通一平”准备工作。由于江苏工程公司之前承接过施工公司的工程，10 月 24 日，施工公司现场负责人刘某忠联系江苏工程公司调度员周某，要求江苏工程公司 25 日安排 2 台挖掘机到工地平整场地。

（2）事故经过和救援情况

2016 年 10 月 25 日 7 时 30 分左右，江苏工程公司挖掘机驾驶员韩某卫及另一名驾驶员随挖掘机到达工地。8 时 30 分左右，按照施工公司现场管理人员任务分工，韩某卫在驾驶挖掘机经过工地 2 号厂房地块（现场为积水洼地，水深 1.2~1.4 米）前往作业地点时，因操作不慎侧翻入水，韩某卫被困在驾驶室中发生溺水。

事故发生后，施工公司安排现场其他 2 台挖掘机将侧翻挖掘机扶正，并将驾驶室玻璃打碎救出韩某卫，韩某卫被送往泰州市第四人民医院经抢救无效于当日死亡。

（3）事故原因分析

1）直接原因。韩某卫无证驾驶挖掘机，因操作不慎致使挖掘机侧翻入水。

2）间接原因。江苏工程公司安排无证人员驾驶挖掘机上岗作业；安全管理缺失，未落实专职人员进行现场安全管理。

（4）事故教训和整改措施

经调查认定，这起淹溺事故是一起生产安全责任事故。

江苏工程公司应从这起事故中吸取深刻的教训，加强对施工人员特别是挖掘机驾驶人员的安全教育和岗位操作技能培训，提高操作人员安全生产和自我保护意识，所有特种作业人员持证上岗，同时应落实施工现场安全管理措施，加强施工现场安全管理，避免此类事故再次发生。

（5）相关知识与管理借鉴

在这起事故中，作业人员在驾驶挖掘机经过积水洼地时，因操作不慎侧翻入水，由于被困在驾驶室，于是发生溺水事故。在事故发生前，由于积水不深，只有 1.2~1.4 米，一般成人（男性）身高 1.7 米，即使跌落到积水里，也不会被淹死，所以这样的危害没有引起管理者的注意，也就没有采取安全预防措施。

在提前预防危险危害方面，香港新机场核心工程实施的一些安全管理措施值得关注。

香港新机场核心工程是一个超级大工程，是世界上最大型的基建工程计划之一。该工程计划由 10 个互相联系的项目组成，包括赤腊角的新机场、34 千米的新公路、一条铁路、3.5 平方千米土地开拓成为一个新市镇，计划雇用2.5万名工人，因此建筑安全管理非常重要。

在对承建商的管理中，工程要求承建商必须遵守下列具体规定：

1）在工地上雇用安全主任及安全监督，其数目不得少于合约上规定的数目。

2）授权安全主任及其他安全人员，有权命令其雇员及分建商的雇员停止不安全的操作。

3）在安全主任及工地主任之间建立一个直接的报告制度。

4）在所有分包文件中加上有关条款，确保所有分建商遵守安全计划。

5）为所有工人及监督人员举办半天的就业安全课程。

6）通过奖励计划、安全问答比赛等，推广对安全的认识。

7）设立一个由承建商及分建商的工人、管工及管理人员代表所组成的工地安全委员会。

8）制定一份详尽的检查项目表，以供安全检查之用。

9）随时展开安全稽核。

10）解雇任何严重违反安全规例的雇员。

11）在工地出口附近展示最新的意外事故统计资料。

12）当工程在水面或水上进行时，提供一艘专用的救生艇。

此外，为了预防不可知的事故，倘若在水上或水边工作的人未采取必要的安全措施以防跌入水中，则需穿着救生衣作为浮力辅助设备。

由于安全措施切实有效，在机场核心工程建设过程中，事故率比同期香港建筑业意外事故率显著下降，效果明显。